Royal College of Surgeos of England

Bericht über die wissenschaftlichen Vorträge der

medizinischen Gesellschaft zu Leipzig

In den Jahren 1875 und 1876

Royal College of Surgeos of England

Bericht über die wissenschaftlichen Vorträge der medizinischen Gesellschaft zu Leipzig
In den Jahren 1875 und 1876

ISBN/EAN: 9783743653894

Hergestellt in Europa, USA, Kanada, Australien, Japan

Cover: Foto ©berggeist007 / pixelio.de

Weitere Bücher finden Sie auf **www.hansebooks.com**

BERICHT

UEBER DIE

WISSENSCHAFTLICHEN VORTRÄGE

DER

MEDICINISCHEN GESELLSCHAFT
ZU LEIPZIG

IN DEN JAHREN 1875 UND 1876.

LEIPZIG,
VERLAG VON F. C. W. VOGEL.
1877.

DEM HERRN

EDUARD WILHELM GÜNTZ

Dr. MED. K. S. GEHEIMEN MEDICINALRATHE, HERZ. S. A. MEDICINALRATHE, RITTER DES
K. S. V.-O. UND DES ORDENS ALBRECHTS D. B. ETC. ETC.

BEI DER FEIER DES FÜNFZIGSTEN JAHRESTAGES

SEINER ERLANGUNG

DER MEDICINISCHEN DOCTORWÜRDE

AM 10. APRIL 1877

DARGEBRACHT VON

DER MEDICINISCHEN GESELLSCHAFT

ZU LEIPZIG.

Hochgeehrter Herr Jubilar!

Das menschliche Leben baut sich in einzelnen Stufen auf. Wie willkürlich diese oft bemessen zu sein scheinen: nicht wenige von ihnen geben uns die menschliche Kraft und Schwäche wieder. Glücklich der Mann, welcher fünfzig Jahre dem Dienste der Wissenschaft und deren praktischen Anwendung weihte und beim Rückblick auf ein halbes Jahrhundert noch in ungeschwächter Kraft des Geistes dasteht.

Ihnen ist dieses Glück beschieden, und desshalb bringen Ihnen die Mitglieder der Medicinischen Gesellschaft zu Leipzig ihre hochachtungsvollsten Glückwünsche dar. Sie thun dies nicht allein im Hinblick auf Ihre hervorragenden Leistungen auf dem Gebiete der Psychiatrie und gerichtlichen Medicin, in dankbarer Würdigung Ihrer Verdienste als Gründer einer über die Grenzen unsres Vaterlandes hinaus rühmlichst bekannten Musteranstalt für Verpflegung und Behandlung Geisteskranker; sondern auch in aufrichtiger Werthschätzung Ihrer stets bewährten collegialen Gesinnungen, und in dankbarer Erinnerung Ihrer treuen Mitgliedschaft bei jener Gesellschaft, welcher Sie als langjähriger stellvertretender Vorsitzender das regste Interesse geschenkt haben.

Als Zeichen Ihrer Hochachtung und ehrenden Andenkens widmet Ihnen die Medicinische Gesellschaft ein Heft ihrer Sitzungsberichte aus den Jahren 1875 und 1876, und spricht dabei die Hoffnung aus, Ihren Namen noch lange in ihren Listen fortführen zu können, sowie den herzlichen Wunsch, dass es Ihnen vergönnt sein möge, noch geraume Zeit die Befriedigung eines Otium cum dignitate zu geniessen.

Sitzung vom 26. Januar 1875.

*Vortrag des Herrn HOFMANN über das Süvern'sche Desinfec-
tionsverfahren im Leipziger Hospitale.*

Der Herr Vortragende macht zunächst einige Angaben über das
Quantum der flüssigen und trockenen Abfallstoffe, welche in Leipzig
geliefert werden; bespricht dann einige Analysenresultate, welche die
Verunreinigungen im Boden nachweisen, wie den CO_2-Gehalt der
Bodenluft und die Zusammensetzung des Trinkwassers an verschiedenen
Orten in Leipzig.

In einem grossen Hospitale muss wegen der Anhäufung der zahl-
reichen, verschiedenen Kranken auf möglichst sichere und vollkommene
Entfernung der Abfallstoffe gesehen werden. Die gewöhnlichen An-
lagen der Abtritte in Gruben, wenn sie auch noch so gut cementirt
sind, bedingen hohe Unzuträglichkeiten.

Im Leipziger Hospitale besteht eine allen sanitären Anforderungen
entsprechende Desinfectionsanlage. Dieselbe ist in der ersten Anlage
zwar etwas kostspielig, in dem Betriebe aber nicht theuer und bei auf-
merksamem Betriebe sicher wirkend.

Das verwendete Desinfectionsmittel besteht aus der von SÜVERN
angegebenen Mischung von

26,4% Actzkalk

7,1% Chlormagnesium

3,2% Steinkohlentheer

63,3% Wasser.

In dem erwähnten Verhältnisse werden die Stoffe innig zusammen-
gerührt, wodurch eine halbweiche, silberglänzende, schwach nach Carbolsäure riechende Masse hergestellt wird. Die desinficirende Wirkung

dieser Masse ist durchaus zuverlässig, so lange ein wenn auch nur geringer Ueberschuss vorhanden ist. Zur Desinfection werden die Abfallstoffe direct in Wasser mit aufgeschwemmter Süvern'scher Masse gebracht. Die organischen und leicht zersetzlichen Stoffe, wie Blut, Eiter, Pilze u. s. w., werden in dem Grade, als sie Kohlensäure bilden, von einer dünnen Schichte kohlensauren Kalkes umgeben und hierdurch sowohl vor weiterer Zersetzung und Fäulniss geschützt, als auch so schwer gemacht, dass sie rasch und vollkommen sich im Wasser senken.

Bezüglich der im Leipziger Hospitale gehandhabten Anwendungsweise der Masse ist hervorzuheben, dass pro Kopf und Tag 1 Pfund der letzteren in den unter dem Privet befindlichen Wasserkasten gebracht wird. Die Fäcalmassen kommen so in directe Berührung mit der desinficirenden Flüssigkeit. In Thonröhren wird dann täglich der Inhalt der Sammelkästen in das Desinfectionshaus abgelassen, wo in Klärbassins die Scheidung des Flüssigen vom Festen stattfindet. Das Wasser fliesst fast vollständig klar in die Schleussen der Stadt, während die festen Massen sich ablagern und alle Vierteljahre abgefahren werden.

Zum Schlusse hebt der Herr Vortragende noch kurz die Vortheile und Nachtheile des vorstehenden Desinfectionsverfahrens hervor und betont besonders die Nothwendigkeit, dass behufs genügender Desinfection stets freier Aetzkalk in genügender Menge vorhanden sein müsse.

Sitzung vom 23. Februar 1875.

I. Bericht des Herrn WAGNER über drei interessante Sectionsfälle und Demonstration der zugehörigen Präparate.

I. FALL. Ein vollkommen gesunder 30 jähriger Bremser stirbt plötzlich, während er an seinem Geburtstage schnell ein Stück Schinken isst. Die Section ergibt im Anfangstheil des Oesophagus ein grosses Stück Schinken, welches mit einem Theil in den offenstehenden Larynx hineinreicht und letzteren fest verschliesst.

II. FALL. Section einer 57 jährigen Frau, welche mit hysterischen Beschwerden und Steifigkeit des Fussgelenkes ins Hospital aufgenommen wurde. Diagnose: Hysterie. Wird gebessert entlassen. 1873 zunehmende Lähmung der unteren Extremitäten mit schmerzhaften Zuckungen des Sphincter vesicae, Obstruction. Bei der Untersuchung der Wirbelsäule nichts Abnormes. Seit Juli 1874 complete motorische Lähmung der unteren Extremitäten, Sensibilität vermindert. Unter Zuckungen, Bewusstlosigkeit erfolgt am 21. Januar 1875 der Tod. Die Section ergibt eine leichte Vorwölbung des 12. Brustwirbels in die Wirbelhöhle, eitrige Spondylitis, vielleicht nach stattgehabter Fractur.

III. FALL. Ein 20 jähr. Dienstmädchen, welches sich mit Schwefelsäure vergiftete, zeigte bei der Section die bekannten Vergiftungserscheinungen. Bei Untersuchung des Beckens fand sich ein Uterus bicornis, Schwangerschaft im 3. Monat im rechten Horn. Im rechten Ovarium ein Corpus luteum, welches der Schwangerschaft entsprach.

II. Vortrag des Herrn H. KRONECKER über die Ernährung des Herzens.

Der Herr Vortragende gibt zunächst eine ausführliche Uebersicht über die Anschauungen, welche PYTHAGORAS, HIPPOKRATES, PLATO, CICERO, GALEN u. s. w. von dem Herzen und dessen Bedeutung hatten. Von diesen Autoren wurde das Herz entweder als Sitz der Seele betrachtet oder als ein mit eigenem Willen begabtes Wesen, unabhängig von dem übrigen Körper. Erst HALLER zeigte, dass weder die ganze Seele noch ein Theil in dem Herzen seinen Sitz habe. Der Herzschlag werde durch den Reiz des Blutes ausgelöst, das Herz bedürfe dazu nicht des Einflusses der nervösen Centralorgane. Diese hielt LEGALLOIS unentbehrlich für die Function des Herzens. Das Studium der Abhängigkeit des Herzens von dem Nervensysteme gewann ein neues Interesse durch die merkwürdige Entdeckung der Gebr. WEBER, dass der erregte Vagus die Herzbewegungen hemme. Mit Hülfe der von LUDWIG in die physiologische Forschung eingeführten graphischen Methoden wurden die Einflüsse der verschiedenen Herznerven auf den Blutkreislauf genau zergliedert.

LUDWIG war es auch, welcher 1866 eine Methode angab, die Bewegungen des isolirten Froschherzens, das mit einem künstlichen Kreislauf in Verbindung gebracht war, zu untersuchen (CYON). Sodann entdeckte BOWDITCH im hiesigen physiologischen Institute eine neue Eigenthümlichkeit des Herzmuskels, welche diesen vor allen anderen Muskeln auszeichnet: die Grösse der Zusammenziehung des elektrisch gereizten Ventrikels ist unabhängig von der Stärke des Reizes, nur wechselnd mit dem Ermüdungszustande des Muskels. Genügten die in gleichen Intervallen folgenden Reize nicht mehr, um maximale Contractionen des Herzmuskels auszulösen, so wurden diese nicht kleiner, sondern unregelmässig aussetzend. Der Herr Vortragende hat in Gemeinschaft mit Dr. STIRLING beobachtet, dass die Pulse nicht aussetzend waren, sondern regelmässig erfolgten, wenn die minimalen Reize ganz genau in gleicher Intensität gehalten wurden. Die Herzschläge blieben gänzlich aus, wenn die Stromintensität noch um ein Geringes gemindert wurde. Erwärmen steigert die Reizbarkeit und Beweglichkeit des Herzens, Abkühlen mindert beide. Die Pulse werden zugleich niedriger und langsamer.[1]) Bei sehr niedriger Temperatur (3—5 °) vermag das Herz überhaupt nicht häufiger, als etwa alle 10 Secunden einen Puls zu vollenden. Der Herr Vortragende hat sich nun eingehend mit dem Studium der Ernährungsvorgänge des Froschherzens beschäftigt. Letzteres besitzt bekanntlich keine Coronararterien; die Ernährung geschieht durch Diffusion des Blutes aus dem Lumen in die Wandungen. Je besser der Herzmuskel ernährt ist, desto besser vermag er sich zu contrahiren. Je frischer und arterieller das Blut, um so kräftiger wirkt es. Bleiben die ruhenden Herzwandungen einige Zeit mit stagnirendem Blute in Berührung, so verliert der Muskel an Leistungsfähigkeit. Jeder Puls steigert die Energie des nächsten, bis die Mischung des gebrauchten und frischen Blutes in dem aufs Herz gesetzten Röhrensystem gleichmässig geworden. Ist diese Anschauung richtig, so müssen die Schläge des Herzens niedriger werden, wenn demselben Blut entzogen wird. Das Experiment bestätigt diese Voraussetzung. *Verdrängt man das in der Herzhöhle befindliche Blut oder Serum durch unschädliche Kochsalzlösung (0,6 °/0), so sinken die Pulse sehr schnell bis zur Unmerklichkeit, bald bleiben nur noch matte, peristaltische Bewegungen und endlich steht das Herz in Diastole still, unfähig, selbst auf die stärksten Reize die leiseste Bewegung auszuführen. Durchspült man das erschlaffte Organ neuerdings mit O-haltigem Blute, so beginnen bald fibrilläre Zuckungen, dann schwache Herzschläge, bis das Herz endlich ebenso kräftig arbeitet, wie im frischen Zustande.*

---

1) Zu manchen Jahreszeiten (besonders im Spätwinter) wächst die *Höhe* der Pulse bei abnehmender Temperatur, wie dies schon CYON beobachtet hatte.

Der Herr Vortragende demonstrirte diese Vorgänge an einem, mit Kaninchenblut perfundirten Froschherzen, in dessen Ventrikel eine zu diesem Zwecke construirte Durchspülungscanüle eingeführt war. Um letztere waren die Vorhöfe festgebunden, so dass das Herz, wie LUCIANI gefunden[1]), noch selbstständig pulsirte. Da die Bewegung des Herzens besonders unter höherer Spannung die Ernährung desselben sehr fördert, so ist es erklärlich, weshalb bei Klappenfehlern, welche den Druck im Herzen steigern (Insufficienz der Semilunarklappen), häufig der angespannte Ventrikel hypertrophisch wird.

Sitzung vom 30. März 1875.

Vortrag des Herrn THIERSCH über die Verwendung der Salicyl-säure als chirurg. Antisepticum.

Der Grundsatz der Lister'schen Wundbehandlung besteht in der Abhaltung der atmosphärischen Fermente; sie sind die Ursache septischer Wunden. Durch die Eliminirung der atmosphärischen Fäulnisserreger sucht LISTER bei der Heilung offner Wunden ähnliche Verhältnisse zu schaffen, wie sie bei subcutanen Verletzungen bestehen. Doch die LISTER'sche Methode vermag das nicht, sie kann nur die atmosphärischen Fermente von der Wunde fernhalten, nicht aber den Sauerstoff der Luft. Und in dieser Beziehung unterscheidet sich wesentlich der Heilungsprocess unter dem Lister'schen Verbande von dem subcutaner Wunden. Bezüglich der Haupterfordernisse einer guten Wundheilung, d. h. Ruhe, freier Abfluss und Verhinderung fauliger Zersetzung, hat die Methode noch mancherlei Mängel und der Erfinder ist selbst immer bestrebt gewesen, seinen Verband zu vervollkommnen. Besonders schien es wünschenswerth, statt der stark reizenden flüchtigen Carbolsäure ein anderes Antisepticum zu besitzen. Im März vorigen Jahres theilte Prof. KOLBE dem Herrn Vortragenden mit, dass er eine neue, billige Darstellung der Salicylsäure durch Synthese aus Carbol-

1) In neuester Zeit haben die im hiesigen physiol. Institute von MEMNOWICZ angestellten Versuche ergeben, dass auch der abgeschnürte gut gespeiste Ventrikel noch unregelmässig aussetzende spontane Pulse ausführen kann.

säure und Kohlensäure gefunden habe und dass er glaube, dass die Salicylsäure mit Vortheil als chirurgisches Antisepticum angewandt werden könne. Der Herr Vortragende stellte darauf ausgedehnte Versuche über die antiseptische Wirkung der Salicylsäure auf fäulnissfähige Flüssigkeiten u. s. w. an und da dieselben in jeder Beziehung günstig ausfielen, so wurde die Salicylsäure auch als antiseptisches Verbandmittel angewandt. Nach und nach haben sich die mit Salicylsäure behandelten Fälle immer mehr gemehrt, sodass augenblicklich fast ausschliesslich der antiseptische Salicylverband statt des Lister'schen Carbolverbands mit ausgezeichnetem Erfolge angewandt wird. Von 204 Verletzungs- und Operationsfällen sind 51 Carbolfälle und 153 Salicylfälle. Die Salicylsäure hat vor der Carbolsäure zwei wesentliche Vortheile: sie reizt die Wunden nicht so und ist nicht flüchtig; deshalb behalten mit Salicylsäure versetzte Verbandstoffe bei längerem Liegen ihre antiseptischen Eigenschaften, während unter gleichen Bedingungen Carbolverbandstoffe unzuverlässig werden.

Andererseits kann freilich nicht in Abrede gestellt werden, dass Carbolverbände eben in Folge der Flüchtigkeit der Carbolsäure auch auf solche Stellen der Wunde und ihrer Umgebung antiseptisch wirken, mit denen der Verband nicht in unmittelbarer Berührung ist. Zuerst wurde der nasse Salicylverband mit Irrigation in Anwendung gebracht, dann der trockene. Als Verbandstoff dienen 10% und 4% Salicylwatte, auf die Wunde wird ein Stück Carbolmull oder Protective gelegt und dann zuerst starke, dann schwächere Salicylwatte, welche durch Bindentouren befestigt wird. Der Verband muss abgenommen werden, wenn der Patient Fieber (von 38,5) oder Schmerzen in der Wunde bekommt; tritt Wundsecret durch die Watte zu Tage, so werden neue Watteschichten aufgelegt. So kann der Verband bei Amputationen z. B. bis 14 Tage liegen bleiben, und bei der Abnahme ist die Wunde bis auf die Drainstellen schmerz- und fieberlos geheilt. Die Salicylwatte hat den grossen Nachtheil, dass sie dickflüssige Wundsecrete nur bis zu einem gewissen Grad einsickern lässt; deshalb wurden Versuche mit anderen Verbandstoffen, Häcksel, Sägespähnen, u. s. w. gemacht. In neuerer Zeit hat sich die Jute, auf welche Prof. MOSENGEIL hinwies, ausgezeichnet bewährt; dieselbe ist die Bastfaser von Corchorus capsul. die in Bengalen in grossen Massen gebaut wird und zu der Bereitung von Matten, auch feinem Zwirn u. s. w. dient. Durch einen Glycerinzusatz ist die Salicylsäure in diesem weichen, elastischen, ausgezeichnet

durchlässigen Verbandmaterial genügend fixirt. 100 Kilogr. Jute, aus
Bonn bezogen, kosten 25 Mark, sind also billiger als Charpie u. s. w.
Die Salicylsäure, Salicylwatte und Salicyljute werden demonstrirt. Für
die genügende und zuverlässige antiseptische Wirkung der Salicylsäure
spricht Folgendes:

Unter 49 grösseren Amputationen, Resectionen und compl. Fracturen finden sich zwar 8 Todesfälle, aber keiner durch Sepsis oder
Pyämie. In einem Falle trat unter hohem Fieber acute Vereiterung
des Schultergelenks ein, aber auch hier war keine Pyämie die Todes-
ursache. Von 55 kleineren Amputationen, Exarticulationen und sonstigen
Wunden trat nur in einem Falle (Herniotomie) der Tod (am 8. Tage
aus unbekannten Ursachen) ein.

Unter 35 Fällen von Abscessen und progred. Eiterungen befinden
sich 2 Todesfälle, ebenfalls nicht in Folge von Sepsis, 14 Gewächs-
exstirpationen ohne Todesfall.

Also im Ganzen 11 Todesfälle von allen mit Salicylsäure behandelten Fällen und darunter kein einziger Fall von Pyämie, welcher durch
die Salicylsäure, wie es scheint, vorgebeugt wird. Erysipel kam unter
dem Salicylverband und unter dem Lister'schen vor. Ob Salicylverbände auch dem Hospitalbrand vorbeugen, muss anderwärts entschieden
werden, da diese Complication im Jacobshospitale auch nach Einführung
der Salicylverbände fehlte.

Zum Schlusse wird die Technik des Salicylverbandes an einzelnen
Beispielen, besonders für grössere Amputationen, Resectionen, für Kopf-
verletzungen, complicirte Fracturen, Operationen der Hydrocele u. s. w.
erläutert und auf das Factum hingewiesen, dass unter dem antisept.
Verbande ein Verschluss des Sägeendes des Knochens, wie bei subcutanen Fracturen, in einem Falle stattfand. Ein anderer Beweis für die
Trefflichkeit der antisept. Methode ist die Beobachtung, dass ein Drainage-
rohr ohne alle Reaction einheilte und bei der Operation eines vermeint-
lichen Krebsrecidivs zu Tage befördert wurde.[1]

Zum Schlusse stellt der Herr Vortragende noch einen Patienten vor,
bei welchem wegen ausgedehnter Carcinose des Penis in der Höhe der
Schambeinfuge eine urethroplastische Operation in der Weise vorgenommen wurde, dass nach Spaltung des Scrotums die Harnröhre los-

[1] In „Volkmann's klinischen Vorträgen", Heft 84 u. 85, ist das Nähere über
den Salicylverband mitgetheilt.

gelöst und in der Raphe des Perineums durchgesteckt wurde. Das Resultat nach dieser neuen Operationsmethode war in jeder Beziehung gut, besonders bezüglich der Urinentleerung.

Sitzung vom 27. April 1875.

I. Herr TILLMANNS stellt einen Patienten mit pulsirender Geschwulst des Sternum vor.

Das Interesse, welches der Fall darbietet, liegt besonders in der Schwierigkeit zu unterscheiden, ob wir es mit einem durch das Sternum durchgebrochenen Aortenaneurysma oder mit einem gefässreichen Sarkom der Diploë des Brustbeins zu thun haben. Die Geschwulst ist angeblich vor 10 Wochen plötzlich entstanden. Die differentielle Diagnose bezüglich Aneurysma aortae und pulsirendem weichen Sarkom der Diploë des Brustbeins wird kurz besprochen. In der Geschwulst sind keine Gefässgeräusche hörbar, die Herztöne sind rein (der erste Ton ist etwas dumpf) und bei Compression der Geschwulst wird der Radialpuls kleiner. Die Pulsation ist allerdings mit deutlicher Expansion verbunden. — Nach den gegebenen Verhältnissen ist es nicht möglich, die Diagnose eines Aneurysma aortae *mit Sicherheit* zu stellen, es ist gerade so gut möglich, dass wir es mit einem von der Diploë des Brustbeins ausgehenden weichen Sarkom zu thun haben, welches mit dem Herzbeutel verwachsen ist und das Sternum perforirt hat. Einen derartigen, dem vorliegenden sehr ähnlichen Fall hat Herr Geheimrath Thiersch bereits früher einmal beobachtet; hier handelte es sich in der That um ein gefässreiches Sarkom, von der Diploë des Sternum ausgegangen.

II. Demonstration des Herrn AHLFELD über ein Schliebener Kind mit daran geknüpften erläuternden Bemerkungen.

Das Kind, am 8. April 1875 geboren, ist sonst vollständig gesund. In der Sacralgegend zeigt sich eine gelappte, weiche, elastische Geschwulst, in welcher spontane Bewegungen stattfinden. Die Geschwulst besteht aus zwei grösseren Abtheilungen; in der einen finden sich hart anzufühlende Theile, in der anderen dagegen wahrscheinlich nur Flüssig-

keit; letztere Abtheilung der Geschwulst ist durchscheinend. Die Haut-
bedeckung über der mit festen Theilen gefüllten Geschwulstabtheilung
ist sehr dünn, geröthet, wie wenn eine Perforation stattfinden würde.
— Bezüglich der Behandlung solcher angeborener Sacralgeschwülste
bemerkt Herr Prof. SCHMIDT, dass sich die Punction der Geschwulst
bei drohender Gangränescenz empfehle. Dieselbe sei aber nicht immer
als ein geringfügiger operativer Eingriff anzusehen, da LANGENBECK in
einem Falle tödtliche Meningitis spinalis folgen sah.

*III. Bericht des Herrn LEOPOLD über drei Fälle von Unterleibs-
geschwülsten, welche anfänglich für Geschwülste der weiblichen
Geschlechtsorgane gehalten wurden, später sich aber als Tu-
moren der Leber resp. der Milz herausstellten.*

Der erste Fall betrifft eine 46 jährige Frau, bei welcher 7 Jahre
nach einer rechtsseitigen Coxitis und starken Knocheneiterungen eine
schnell zunehmende Unterleibsgeschwulst auftrat. Anfangs für Ovarien-
cyste gehalten, ergab eine wiederholte Untersuchung die Annahme einer
Speckleber und einer Speckmilz.

Der 2. Fall betrifft eine 48 jährige Frau mit einer seit 3 Monaten
ausserordentlich schnell zunehmenden Geschwulst des Unterleibs; über
dem Tumor in der Umgebung des Nabels waren sehr starke, synchro-
nische Gefässgeräusche hörbar. Diagnose: Lebercarcinom mit eigen-
thümlichen Gefässgeräuschen. Die Section bestätigte das Lebercarcinom
(melanot. Krebs) und zeigte, dass die Gefässgeräusche in der Leber
durch eine feste Strangulation entstanden waren, welche das gespannte
Ligament. teres zwischen rechtem und linkem Leberlappen hervorgerufen
hatte. — Der Herr Vortragende ist der Meinung, dass die Gefässgeräusche mit Vortheil bei der Differential-Diagnose der Unterleibsge-
schwülste spec. bei Lebergeschwülsten zu verwerthen seien. (Veröffentlicht im Archiv der Heilkunde 1876.)

Der 3. Fall betrifft einen Fall von Wanderleber, der bereits im
Archiv für Gynaekol. (B. VII, 1) veröffentlicht ist und hier nur kurz
berührt wird.

Zum Schluss demonstrirt Herr LEOPOLD noch ein 12 jähriges Mäd-
chen mit *angeborener spontaner Amputation des rechten Vorderarmes.*
Bemerkenswerth ist das seltene Vorkommen am rechten Arm. Der
Stumpf ist glatt, ohne Andeutung von Fingern resp. Nägeln (HECKER).

Bewegungen im Ellbogengelenk normal. (Veröffentlicht in der Dissertatio inaug. des Herrn cand. med. LANDMANN, Leipzig 1876, über Spontanamputationen.)

Sitzung vom 25. Mai 1875.

I. Demonstration des Herrn HAGEN über:

1) ein neues Verfahren, mittelst der LIMOUSIN'schen Tropfenzähler innerhalb weniger Minuten im zuckerhaltigen Urin den Procentgehalt des Zuckers zu bestimmen.

Dr. DUHOMME in Paris hat ein Verfahren bekannt gemacht, um mit Hülfe zweier titrirter Tropfenzähler vom Apotheker LIMOUSIN in Paris, der Fehling'schen Kupfervitriollösung, einiger Reagensgläser und einer Spirituslampe innerhalb weniger Minuten eine genaue quantitative Analyse eines zuckerhaltigen Harns leicht vorzunehmen. — Ich habe die betr. Tropfenzähler (aus der Salomonis-Apotheke in Leipzig zu beziehen) und die damit auszuführende quantitative Analyse zuckerhaltigen Harns umfangreichen Prüfungen unterzogen und die damit zu erzielenden Resultate richtig gefunden, so dass ich das Verfahren meinen Collegen wirklich empfehlen kann. — Man verfährt auf folgende Weise:

Der auf ein cc. = 1,0 Gramm Inhalt graduirte Cylinder-Tropfenzähler wird vermittelst Druck auf den an dessen oberem Ende befindlichen kleinen Gummiballon so weit mit dem zu untersuchenden Urin gefüllt, dass der untere nach unten convexe Rand des Meniscus der Flüssigkeit die Marke von oben eben berührt. — Durch Zusammendrücken des betr. Ballons tropft man dann den 1 cc. Harn aus und erhält so in den allermeisten Fällen die Tropfenzahl 20. [1])

Jeder Tropfen Urin ist also = 0,05 Gramm.

Der auf 2 cc. Inhalt graduirte Cylinder-Tropfenzähler dient zur Abmessung von 2 cc. einer Fehling'schen Kupfervitriollösung, welche derart hergestellt ist, dass 10 cc. derselben durch 0,05 Gramm Harnzucker reducirt werden. 2 cc. dieser Lösung entsprechen mithin 0,01 Gramm Harnzucker.

---

1) Da indessen die Tropfenzahl von 1 Gramm Harn zwischen 18 und 24 schwankt, so ist es nothwendig jedesmal einen Gramm Harn auszutropfen.

Die 2 cc. Fehling'sche Kupfervitriollösung werden in einem Reagensgläschen mit ebensoviel Aq. destillata verdünnt.

Nachdem hierauf diese verdünnte Fehling'sche Lösung über einer Spirituslampe bis zum Kochen erhitzt worden ist, tröpfelt man aus dem 1 cc. Harn enthaltenden Cylinder-Tropfenzähler 1—2 Tropfen in die erhitzte Lösung, schüttelt um und kocht wieder, setzt dann wiederum 1—2 Tropfen Harn zu und fährt in dieser Weise abwechselnd so lange fort, bis die blaue Farbe der Kupfervitriollösung gänzlich verschwunden und mithin alles Kupferoxyd reducirt ist.

Hierbei muss die zur Reducirung verwendete Zahl der Tropfen Harn genau gemerkt werden.

Hinsichtlich der Berechnung habe ich Ihnen Folgendes mitzutheilen:

Ich fand, wie Sie soeben sahen, dass 1 cc. $= 1{,}0$ Gramm des vorliegenden zu prüfenden Harns 20 Tropfen enthielt.

Will man nun wissen, wie viel Gramm Zucker 1 Liter Urin enthält, so multiplicirt man jene Zahl 20 mit 10 $= 200$ und dividirt diese Summe durch die Tropfenzahl, welche nöthig war, um die 2 cc. Fehling'sche Kupfervitriollösung zu reduciren. — Der so erhaltene Quotient gibt den Gehalt eines Liter Harn an Harnzucker.

Wir sahen bei der eben angestellten Untersuchung, dass 7 Tropfen Harn zur Reduction erforderlich waren; dann ist der Ansatz folgender:

$$\frac{20 \times 10}{7} = \frac{200}{7} = 28{,}57 \text{ Gramm} = 2{,}857\,\%.$$

Wären 20 Tropfen Harn nöthig gewesen, dann wäre der Ansatz:

$$\frac{20 \times 10}{20} = \frac{200}{20} = 10{,}0 \text{ Gramm} = 1\,\%.$$

Wären aber 35 Tropfen Harn nöthig gewesen, dann hätten wir folgende Gleichung:

$$\frac{20 \times 10}{35} = \frac{200}{35} = \frac{40}{7} = 5{,}55 \text{ Gramm} = 0{,}55\,\%.$$

Wenn 10 Tropfen Harn nöthig gewesen wären, würde ein Liter Harn 20 Gramm oder 2 % Harnzucker enthalten, denn 10 Tropfen Harn $= 0{,}5$ Gramm, also:

$$\frac{1000 \times 0{,}01}{0{,}5} = \frac{10{,}00}{0{,}5} = 20{,}0 \text{ Gramm} = 2\,\%.$$

Die Untersuchungsmethode, wie die Art der Berechnung des Gehaltes an Zucker sind mithin höchst einfach und empfehlenswerth.

Um jeder Berechnung überhoben zu sein, nachdem man ausgezählt hat, wie viele Tropfen 1 cc. Harn enthält, und nachdem man weiss, wie viele Tropfen Harn zur Reduction von 2 cc. Fehling'scher Lösung erforderlich waren, habe ich folgende Tabelle entworfen, welche ich Ihnen hier vorlege.

Tabelle über den Zuckergehalt eines Liter = 1000,0 Gramm Harn.

und wenn zur Reduction der Kupferoxydlösung erforderlich sind Tropfen Harn:

wenn 1 Grm. Harn enthält Tropfen:	1	2	3	4	5	6	7	8	9	10	11	12
	Gramme	Gramme	Gramme	Gramme	Gramme	Gramme	Gramme	Gramme	Gramme	Gramme	Gramme	Gramme
XVIII	180.0	90.0	60.00	45.00	36.00	30.00	25.71	22.50	20.00	18.00	16.36	15.00
XIX	190.0	95.0	63.33	47.50	38.00	31.67	27.14	23.75	21.11	19.00	17.27	15.83
XX	200.0	100.0	66.67	50.00	40.00	33.33	28.57	25.00	22.22	20.00	18.18	16.67
XXI	210.0	105.0	70.00	52.50	42.00	35.00	30.00	26.25	23.33	21.00	19.09	17.50
XXII	220.0	110.0	73.33	55.00	44.00	36.67	31.43	27.50	24.44	22.00	20.00	18.33
XXIII	230.0	115.0	76.67	57.50	46.00	38.33	32.86	28.75	25.55	23.00	20.91	19.17
XXIV	240.0	120.0	80.00	60.00	48.00	40.00	34.29	30.00	26.66	24.00	21.82	20.00

und wenn zur Reduction der Kupferoxydlösung erforderlich sind Tropfen Harn:

wenn 1 Grm. Harn enthält Tropfen:	13	14	15	16	17	18	19	20	21	22	23	24
	Gramme	Gramme	Gramme	Gramme	Gramme	Gramme	Gramme	Gramme	Gramme	Gramme	Gramme	Gramme
XVIII	13.85	12.85	12.00	11.25	10.59	10.00	9.47	9.00	8.57	8.18	7.83	7.50
XIX	14.61	13.57	12.67	11.87	11.18	10.55	10.00	9.50	9.05	8.64	8.26	7.92
XX	15.38	14.28	13.33	12.50	11.76	11.11	10.53	10.00	9.52	9.09	8.69	8.33
XXI	16.15	15.00	14.00	13.12	12.35	11.67	11.05	10.50	10.00	9.55	9.13	8.75
XXII	16.92	15.71	14.67	13.75	12.94	12.22	11.58	11.00	10.48	10.00	9.56	9.17
XXIII	17.69	16.43	15.33	14.37	13.53	12.78	12.10	11.50	10.95	10.45	10.00	9.58
XXIV	18.46	17.14	16.00	15.00	14.12	13.33	12.63	12.00	11.43	10.91	10.43	10.00

Hoffentlich führen meine weiteren Versuche dahin, nicht nur den Harnstoffgehalt eines Urins, sondern auch den Gehalt desselben an organischen Bestandtheilen in gleich einfacher und sicherer Weise zu bestimmen. — Spätere Mittheilungen hierüber behalte ich mir vor.

2) Die Limousin'schen Chloralpillen.

Bezüglich derselben bemerkt Dr. BÄLZ, dass nach seinen Erfahrungen Chinin und Chloral in der Limousin'schen Oblaten- und Kügelchenform geringere Wirkung auf den menschlichen Organismus zeigten, als in wässriger Lösung. Der Grund hierfür ist unbekannt. Dr. KORMANN erinnert daran, dass man in neuester Zeit empfohlen habe, vor dem Chloral eine gleiche Dosis Natr. bicarb. zu geben, um dadurch erfahrungsgemäss die Chloralwirkung zu erhöhen. — Ferner demonstrirt Herr HAGEN: die neue Injectionsspritze für schmerzlose subcut. Injectionen. Der Erfinder derselben ist JOS. LEITER in Wien.

II. Vortrag über einige Genuss- und Arzneimittel von Herrn RADIUS.

Unter Vorlegung der betreffenden Gegenstände sprach der Vortragende zunächst 1) über einige neuere Sorten *Cacao* und über Behandlung des Cacao in verschiedenen Gegenden seiner Heimath, welche sich auf Centralamerika und westindische Inseln beschränkt. Am besten gedeiht er zwischen 17^0 nördlich und südlich vom Aequator, doch wird er, wie neuerdings J. HOLMS nachwies, bis 25^0 südlich und nördlich und zwar wenige Fuss über dem Meere bis zu einer Höhe von 1760 Fuss cultivirt. In verschiedenen Ländern werden verschiedene Arten der Gattung Theobroma gefunden. Sowohl dies als die Behandlung der Samen gibt die von einander abweichende Beschaffenheit der Handelswaare. Entweder nämlich werden die aus der Frucht genommenen Samen nur an der Sonne getrocknet, oder sie werden vorher auf einige Tage in Gruben gebracht und mit Thon und Sand bedeckt, wodurch sie eine leichte Gährung erleiden. Man unterscheidet danach gerotteten und nicht gerotteten Cacao. Von der mehr minderen Sorgfalt beim Rotten und Trocknen soll vornehmlich das Aroma der Samen abhängig sein. Columbus brachte 1520 den ersten Cacao nach Spanien, doch kam er erst 1659 nach England und verbreitete sich von da weiter über Europa. Sein wesentlicher Bestandtheil ist ein dem Theïn gleicher Stoff, welchen WOSKRESENSKY 1840 entdeckte und Theobromine nannte, ausserdem 50% Fett, viel Eiweiss und Stärke u. s. w. Die gehörig zubereiteten Samen gewähren ein vorzügliches Nahrungsmittel, namentlich auch bei Tuberculose, nur muss man sie zu diesem Zwecke nicht zu sehr entölen, wie dies jetzt bei sogenanntem Cacaopulver und Cacaomasse meistens zu sehr geschieht. Der Preis des Cacao ist ziemlich hoch, daher vielfache Verfälschungen seiner Präparate mit Mehl, Stärke und dergl. Er muss nur sehr wenig gekocht werden, weil sonst das Eiweiss fest gerinnt und das Getränk unverdaulich und unschmackhaft wird.

2) Ueber *Maté* oder *Paraguaythee*. Zwei Proben wurden vorgelegt, eine neuere und eine noch vom berühmten Brasilienreisenden v. MARTIUS an den Vortragenden geschenkte und mit der Bezeichnung Yerva de palo (Holzthee) versehene, weil im Vaterland nicht nur die Blätter, sondern auch die Zweige des Baumes grob geschnitten oder gemahlen zur Verwendung kommen. Der Strauch, welcher diesen Thee liefert, heisst nach ST. HILAIRE Ilex paragayensis und enthält, wie STENHOUSE zeigte, eine Base, welche er Ilicin nannte, die jedoch gleich ist mit Theïn, etwas flüchtiges Oel und Kaffeegerbsäure. Sämmtliche Ilexarten haben bedeutende Kräfte, selbst unser deutscher Ilex Aquifolium, dessen Blätter man im Schwarzwald als Thee und in vielen Gegenden als ein fieberwidriges Mittel verwendet. Der Aufguss des Maté wird wegen der zum Theil feinen Zerstäubung der Species durch eine Röhre eingesaugt, welche an dem unteren Ende mit einem kugelförmigen Siebe versehen ist. Eine solche silberne Röhre aus Centralamerika wurde vorgelegt.

3) Ueber *Buschthee* oder *Schwellendamer Bergthee*, welcher aus den Blättern einer Podalyriee des Vorgebirges der guten Hoffnung besteht und einen dem chinesischen Thee sehr ähnlichen angenehmen Aufguss gibt. Der in Südafrika häufige Strauch heisst *Cyclopia genistoides* VENT. Sowohl von ihm, wie auch vom Maté kamen Proben zur Vertheilung.

4) Ueber *Blätter* und *Rinde* des *Eucalyptus Globulus*. Die Gattung Eucalyptus gehört zu der Familie der Myrtaceae und ist reich an Arten, die in Australien einheimisch sind. In Europa kommt nur die genannte Art im Freien vor und zwar nur im südlichen. Man benutzt Blätter und Rinde dieser schnell und bis 300 Fuss hoch wachsenden

schönen Bäume wegen ihres reichen Gehalts an ätherischem Oel und Bitterstoff. Blätter, Rinde, daraus bereitete Tincturen und ätherisches Oel wurden vorgezeigt. Die Tincturen hatten sich dem Vortragenden gegen Neuralgien, besonders gegen Hemicranie nützlich erwiesen. Die Anpflanzung des Eucal. Globulus hat sich in sumpfigen, Miasmen verbreitenden Gegenden als sehr nützlich zur Beseitigung der schlechten Luftbeschaffenheit gezeigt, wie durch mehrere Zeugnisse aus Südfrankreich, aber besonders aus Italien bestätigt wird.

5) Ueber *Jaborandi*. Die so genannten Blätter, welche neuerdings als schweiss- und speicheltreibendes Mittel viel gerühmt worden sind, kommen von Pilocarpus pennatifolius LEMAIRE, einer Rutacea Nordbrasiliens, während sie ENDLICHER zu den Diosmeen rechnet. In Südamerika wird der Name mehreren sehr verschiedenen Droguen gegeben, namentlich auch Piperaceen, welche z. B. in Paragay unter diesem Namen gebraucht werden, wie PARODI versichert. Beide Arten wurden vorgelegt. Die Blätter des bei uns eingeführten, von Dr. CUTINHO in Pernambuco, woselbst es häufig wächst, empfohlenen Jaborandi sind ungleich gefiedert. Ein ätherisches Oel scheinen sie nicht zu enthalten oder doch nur in sehr geringer Menge, wie HARDY angibt, wohl aber fand BYASSON darin ein Alkaloid, welches er Jaborandine, HOLMS dagegen Pilocarpine nennt, da PARODI schon früher ein Alkaloid einer Piperacee so genannt hatte. Der Vortragende verspricht der neuen Drogue keine grosse Zukunft, da es der schweiss- und speicheltreibenden Mittel viel einheimische gebe.

6) Endlich noch legt der Vortragende *weisses* und *gelbes Erdwachs*, sogenanntes Ceresin, so wie den Urstoff, den in Galizien häufig vorkommenden *Ozokerit*, und ein daraus bereitetes Licht vor, welches dem Wachs ähnlich leuchtet, aber beim Verlöschen einen sehr starken Geruch nach Akrolein verbreitet. Das gelbe Wachs ist mit Curcuma gefärbt. Beide können auch zu pharmaceutischen Zwecken das Bienenwachs ersetzen und haben einen viel billigeren Preis.

Im Anschluss an diesen Vortrag theilt Dr. BÄLZ seine Erfahrungen mit, welche er unter der Anwendung von Jaborandi bei Kranken und bei sich selbst beobachtete. Derselbe bestätigt die Erfahrungen RIEGELS und lobt Jaborandi als ein ganz ausgezeichnetes Schweiss und Speichel beförderndes Mittel.

Das Mittel wurde zuerst bei einem hochgradigen pleuritischen Exsudat angewandt. Einige Minuten nach der Darreichung von 10

Gramm Jaborandi als Aufguss trat eine 5 Stunden andauernde profuse Schweiss- und Speichelsecretion ohne üble Folgen ein, in Folge dessen der Patient am nächsten Morgen eine Verminderung des Körpergewichts um 3½ Pfund zeigte. Ausgezeichnet war die Wirkung in einem 2. Falle von Pleuritis, in einem Falle von Muskelrheumatismus und einem Rheumatismus acutus mit Pericarditis.

Der Vortragende nahm selbst ein Infus. von 5,0 : 250 Wasser und beobachtete genau die von RIEGEL u. A. beschriebenen Erscheinungen sowie folgende, bis jetzt noch nicht erwähnte Symptome. Unter Hitzegefühl im Kopfe trat 8 Minuten nach der Darreichung profuse Schweiss- und Speichelsecretion auf nebst Ausfluss aus der Nase, Thränenfluss, Tenesmus und heftige ¼ Stunde lang andauernde Schmerzen in der Harnröhre. Die Nasen- und Infraorbitalgegend war frei von Schweiss. Ausserdem trat ein Schüttelfrost ohne Temperatursteigerung auf, ferner Flimmern vor den Augen, Abnahme des Sehvermögens und eigenthümliche Lichteffecte. Nach etwa 2 Stunden hörte die profuse Schweisssecretion u. s. w. auf und es trat allmählich vollständiges Wohlbefinden ein. Eine vorgenommene Wägung zeigte nach 12 Stunden eine Abnahme des Körpergewichts um 4¼ Pfund.

Sitzung vom 29. Juni 1875.

Vortrag des Herrn TILLMANNS über Erfolge der Lister'schen Wundbehandlungsmethode.[1])

Anknüpfend an den Besuch LISTER's in Leipzig und Halle im Juni dieses Jahres theilt der Herr Vortragende besonders die Resultate VOLKMANN's mit, welche derselbe 1874 und 1875 unter Anwendung des typischen Listerverbandes erzielte und zwar unter Hinweis auf ähnliche Erfolge, welche THIERSCH mittelst der antiseptischen Wundbehandlung in der hiesigen Klinik beobachtet und vor Kurzem beschrieben hat.[2]) In einer kurzen Auseinandersetzung der Technik des von VOLKMANN

1) Vergl. Centralblatt für Chirurgie 1875. Nr. 28 und 29.
2) C. THIERSCH, Klinische Ergebnisse der LISTER'schen Wundbehandlung und über den Ersatz der Carbolsäure durch Salicylsäure. Sammlung klin. Vorträge herausgegeben von RICH. VOLKMANN. Nr. 84. 85. Leipzig 1875. Breitkopf & Härtel.

geübten antiseptischen Verfahrens wird besonders der methodischen Compression bei der Anlegung des Verbandes als eines wichtigen unterstützenden Factors bei der Heilung per primam gedacht. Ausser dem typischen Listerverbande wendet Volkmann auch den Thiersch'schen Salicylverband an und benutzt die Salicylwatte ganz besonders als zweckmässiges Verstärkungsmittel beim Lister, um vollständigen Luftabschluss zu erzielen.

Die hier folgenden statistischen Angaben aus den Jahren 1874 und 1875 theilte Volkmann mit, als er in Gegenwart Lister's eine grosse Zahl operativer Fälle vorstellte, die als Belege für die Wirkung und Technik des antiseptischen Verbandes dienen sollten. Sie beziehen sich auf Amputationen, Resectionen und Osteotomien der Jahre 1874 und 1875 (bis Ende Mai). Ausserdem wird eine totale Statistik sämmtlicher bis jetzt von Volkmann streng nach den Principien Lister's conservativ behandelter compl. Fracturen kurz zusammengestellt. Bezüglich des Jahres 1873 wird auf das jüngst erschienene Werk Volkmann's (Beiträge zur Chirurgie, Leipzig 1875, Breitkopf & Härtel) hingewiesen.

I. Compl. Fracturen.

Bis jetzt 44 conservativ nach Lister behandelte compl. Fracturen; sämmtlich geheilt.

II. Amputationen.

1875 bis jetzt 27 Amput. ohne einen einzigen Todesfall. Darunter 6 Oberschenkelamput. und 1 Hüftgelenksexarticulation. 1874 machte Volkmann 40 Amput. mit nur 6 Todesfällen. Unter den letzteren befinden sich 4 Kranke, welche bei bereits bestehender Septicämie in Folge von ausserhalb der Klinik entstandenen Verjauchungen amputirt wurden (1 Exart. humeri und 3 intermed. Oberschenkelamput.). Die beiden noch übrigen Todesfälle betrafen eine Oberschenkelamput., welche in der Privatpraxis in Folge von Pyaemia simpl. letal endigte, während der andere Patient (Amput. femor.) vor Beginn der Reaction bei gleichzeitiger Commotio cerebri starb.

III. Osteotomien.

1874: 13 Fälle ohne Todesfall. 1875 bis jetzt 3 Fälle ohne Todesfall. Von den 16 Fällen zeigte sich nur bei 3 eine minimale Eiterung, in keinem aber Phlegmone oder Eitersenkung.

1874: 24 Totalresectionen mit 7 Todesfällen. Unter den letzteren befanden sich 5 Hüftgelenksresectionen, 2 starben an Septicämie, welche bei der Aufnahme der Patienten bereits bestand (acute Verjauchung des Hüftgelenkes nach Beckenschuss und 1 puerp. Coxitis). Sodann collabirte ein 2jähriges tubercul. Kind rasch nach der Operation und starb vor Beginn der Reaction; 2 Hüftresecirte starben an Tuberculose, nachdem bereits die Operationswunde bis auf eine feine Fistel geheilt war; desgleichen endigte eine Kniegelenksresection letal ebenfalls an Tuberculose nach fast vollständiger Heilung bei fortbestehender Fistel. Der letzte Todesfall betraf eine wegen bereits bestehender septischer Phlegmone ausgeführte Ellenbogenresection.

Resectionen aus der Continuität 1874 und 75 machte VOLKMANN bis jetzt 4 wegen Pseudoarthrose (3 Tibia, 1 Femur); alle geheilt.

1875: bis jetzt 14 Resectionen der Gelenke (8 Hüftgelenksresect., 3 Kniegelenksresect., 3 Resectionen des Humerus und 1 im Cubitalgelenk) mit nur 2 Todesfällen. Der eine der beiden Todesfälle betraf ein sehr kleines noch nicht 1 Jahr altes Kind, mit grossem Abscess am Femur und abgelöstem im Acetabulum liegenden Gelenkkopf; das Kind erholte sich nicht ordentlich aus der Chloroformnarkose, brach viel und starb am nächsten Morgen nach der Operation. In dem anderen letal endigenden Falle handelte es sich um eine multiple scarlat. Gelenkaffection mit Verjauchung des Hüftgelenks und Nierenaffection; der Patient wurde in sehr trostlosem Zustande in die Klinik gebracht, sodass die Aussicht auf Heilung sehr gering war.

Nach Mittheilung der allgem. statistischen Angaben hebt der Vortragende einige prägnante Fälle[1]) hervor, welche beweisen, welche auffallende Resultate durch strengste Antisepsis erzielt werden. Um so mehr muss bedauert werden, dass sich noch manche Fachgenossen theils durch theoretische Bedenken, theils durch die Kostspieligkeit des Verbandes von einem ernstgemeinten Versuch mit der Lister'schen Wundbehandlung abhalten lassen. Andererseits beweisen die so oft mitgetheilten *einmaligen* Versuche gar nichts. Wenn aber erst das Princip der antisept. Wundbehandlung sich allgemein Bahn gebrochen, dann werden sich die heilsamen Folgen auf die Entwicklung unserer chir.

---

1) Centralblatt für Chir. 1875. Nr. 28 und 29.

Disciplinen zeigen, besonders der modificirende Einfluss auf unsere chir.
Indicationen, Operationstechnik und die Statistik.

Zum Schluss bespricht Herr *HENNIG* kurz die Diagnostik der
Krankheiten des Oviduct. Besonders wird die Untersuchung mittelst
Sonden vom Uterus aus, dann die manuelle Untersuchung von der
Blase nach Erweiterung der Harnröhre und vom Mastdarm aus erörtert.

Sitzung vom 27. Juli 1875.

Herr THOMAS macht einige klimatologische Mittheilungen.

Er empfiehlt einige hochgelegene vorzügliche Sommercurorte, besonders St. Dalmas di Tenda an der Rosa, in der Nähe von Nizza
(3000' hoch gelegen) und südlich von Aosta 5000' hoch Conge, welches
viel anmuthiger als Davos ist. Genannte Curorte empfehlen sich besonders für die Sommermonate bis October, wo dann leicht die nahe
gelegenen Wintercurorte Nizza und Mentone zu erreichen sind.

Bezüglich des Herpes bei Pneumonien beobachtete Prof. Thomas
2 Mal das Vorkommen desselben am After und fragt, ob andere Collegen ebenfalls dieses seltene Factum beobachtet hätten. — Es ist nicht
der Fall.

Derselbe theilt endlich seine Erfahrungen über Salicylsäure bei
Masern, Diphtheritis, Keuchhusten und Diarrh. neonator. mit. Fast
ausschliesslich beziehen sich die dabei gemachten Erfahrungen auf die
Kinderpraxis. Es wurde durchschnittlich 1 Gramm pro die innerlich
verabreicht. In keinem Falle wurde eine günstige Wirkung mit dem
genannten Mittel erzielt, besonders wurde weder der Verlauf des Fiebers,
noch auch der Grad, z. B. der vorhandene Darmkatarrh, gemildert.

Dr. Bälz theilt mit, dass seit $\frac{1}{2}$ Jahre auf der hiesigen medicinischen Abtheilung sämmtliche Fälle von acuten fieberhaften Krankheiten innerlich mit Salicylsäure (3,0 : 100,0 HO als Schüttelmixtur)
bis zu 8,0 pro die behandelt werden. Er glaubt Fieber herabsetzende
Wirkung besonders bei Intermittens, acutem Gelenkrheumatismus und
Typhus abdom. gesehen zu haben. — G. M.-R. Prof. Radius warnt
vor der Darreichung von Calomel wegen Diarrhoe bei kleinen Kindern.

Mit Magnesia und Rhabarber erziele man dieselbe Wirkung, als mit dem genannten Quecksilberpräparate. — Derselbe betont die Wichtigkeit, eine grössere Anzahl von hochgelegenen Sommercurorten zu haben und wünscht weitere Vermehrung derselben.

Prof. Zürn weist auf die Experimente von Friedberg und Feser hin, welche keinen Einfluss der Salicylsäure bei Pyämie sahen. Derselbe hat dagegen bei äusserlicher Anwendung der Salicylsäure gegen Ekzeme, Herpes tonsurans u. s. w. sehr gute Resultate erzielt, ebenso durch die essigsaure Thonerde.

Sitzung vom 26. October 1875.

I. Vortrag des Herrn TAUBE über seine anatomischen und klinischen Beobachtungen an Morbillenlungen.

Der Herr Vortragende bekämpfte die beiden vorzugsweise herrschenden Ansichten über die Entstehung der lobulären Pneumonie. Bartels legt das Hauptgewicht auf die Veränderungen der Bronchialringsmusculatur. Dieselbe soll durch ihre Contraction einen vollkommenen Verschluss der Bronchien bewirken, die vorhandene Luft werde resorbirt, es entstehe Atelektase, consecutive Hyperämie und Erguss von Serum und weissen Blutkörperchen in die Alveolen. Die Mehrzahl, darunter Buhl, lässt dagegen die Atelektase durch Verstopfung der Bronchien mit Secret entstehen. Beide Ansichten erscheinen nicht zutreffend; bei der jetzigen Masernepidemie wurde z. B. ein Emphysemfall beobachtet, welcher die gleichen Veränderungen, aber ohne Spur von Atelektase darbot. Auch die Untersuchung der Morbillenlungen aus den ersten Tagen spricht gegen diese beiden Ansichten.

Die Luftröhre und ihre Zweige werden bei Masern vorzüglich durch die primäre Betheiligung der Schleimdrüsen in Mitleidenschaft gezogen.

1. Die gewöhnliche *Trachitis* des Incubationsstadiums besteht in einer starken Ektasie der Schleimdrüsen, die Acini sind bedeutend vergrössert, im Umkreis erhebliche Hyperämie, aber alle neugebildeten Drüsenzellen gehen sofort in die schleimige Metamorphose über.

2. *Capilläre Bronchitis.* Der Process setzt sich auf die kleineren Aeste fort und es entsteht durch Erfüllung der kleinsten Bronchien mit Schleim das bekannte oft geschilderte Krankheitsbild.

3. *Interstitielle katarrhalische Pneumonie.* Die sonst seltene Form bedingte in der letzten Leipziger Epidemie vorzugsweise die starke Mortalität; von 22 Sectionen zeigten 18 Lungen diese mehr oder minder entwickelte pathologische Veränderung. Makroskopisch verdient sie vor allen den Namen *käsige Pneumonie.* Nach Eröffnung des Thorax, welcher oft eine verschieden grosse Menge rein serösen Exsudats enthielt, collabirten die Lungen nur wenig, sie befanden sich ungefähr auf der Höhe einer mittleren Inspiration, und waren besonders in den unteren Lappen durchsetzt mit weissgrauen oder gelben käsigen Knoten, die im Centrum erweicht manchmal zu einer Cavernenbildung geführt hatten. In schweren Fällen vereinigten sich die einzelnen Herde und verwandelten beide untere Lappen in eine homogene, nur stellenweise durch annähernd normales Gewebe unterbrochene Masse. Die mikroskopische Untersuchung ergab an den am wenigsten veränderten Partien, dass die Affection die Alveolarlumina vollständig intact liess, und allein in einer interstitiellen Zellenansammlung bestand. Diese nahmen zwischen Alveolen- und Capillarwand liegend immer mehr an Anzahl zu, comprimirten einestheils die Alveolen, schliesslich die Capillaren und die stockende Ernährungszufuhr endigte durch Verkäsung die Weiterwucherung der gebildeten Zellen. Der Ursprung dieser letzteren kann aus mehrfachen Gründen unmöglich als eine an Ort und Stelle bewirkte Bindegewebswucherung gedacht werden, sondern es tragen auch hier, wie die ausgestellten Präparate zeigen, die Schleimdrüsen die Schuld. Die Epithelien derselben vermehren sich rapid, metamorphosiren aber nicht schleimig, sondern erfüllen als wirkliche den Leukocythen ähnliche etwas grössere Zellen die Drüsenacini. Die schwache Umhüllung derselben weicht bald dem verstärkten Drucke, die Zellen beginnen die Umgebung zu infiltriren, gelangen immer weiter nach unten, zuletzt zwischen die Alveolen, und erleiden hier die obige Modification.

Entgegen dieser hochgradigen anatomischen Störung lieferte die klinische Untersuchung ein wenig entsprechendes Resultat; trotz der vollkommensten Hepatisation beider unteren Lappen bestand überall noch hauchendes Athmen verdeckt durch kleinbronchitische Geräusche. Reines Bronchialathmen und eine wahrnehmbare Dämpfung war jedesmal die Folge einer hinzugetretenen Pleuritis.

Bei der sich anschliessenden Discussion betheiligen sich die Herren Proff. E. Wagner und Thomas. Ersterer hebt besonders die geschilderte Affection der Schleimdrüsen der Bronchien hervor und betont, dass die

Buhl'sche acute Desquamativpneumonie wahrscheinlich ein Leichen-
product sei, am Lebenden wenigstens in der angenommenen Ausdehnung
nicht vorkomme. Aehnlich wie bei der Cholera das Darmepithel, so
wird auch das Lungenepithel rasch gelockert und quillt durch trans-
sudirendes Serum auf. Herr Prof. Thomas macht auf die erwähnten
klinischen Symptome nochmals aufmerksam: trotz bei der Section ge-
fundenen ausgebreiteten pneumonischen Veränderungen der Lunge wurde
während des Lebens vesiculäres Athmen mit mehr oder weniger Rassel-
geräuschen gehört. Bei nachweisbarer Dämpfung mit Bronchialathmen
wurde Pleuritis diagnosticirt und durch die Section bestätigt.

II. Vortrag des Herrn RIEMER über Argyria.

Bei der Argyria, einer erst seit wenigen Decennien bekannten
Erkrankungsform, welche bis jetzt nach Verabreichung von Arg. nitr.
bei Tabes, Epilepsie und manchen Darmerkrankungen, nach Bepinse-
lungen mit Arg. nitr. in Folge Verschluckens von Aetzungsproducten
u. s. w. beobachtet wurde, haben wir es mit der Aufnahme eines Medi-
caments in den Organismus zu thun, welches wir mit blossem Auge
und mit dem Mikroskope als körperliches Element wahrnehmen und
auf seinen Wanderungen, welche dasselbe als feinstvertheiltes regulinisches Silberkörnchen im Körper einschlägt, verfolgen können. Bei den
Blei-, Quecksilber-, Jodintoxicationen ist dieser Nachweis bisher nicht
in diesem Maasse möglich gewesen. — Die Erscheinungen der Argyria
während des Lebens kennzeichnen sich nur durch die eigenthümlich
braune Hautfarbe, alle andern Symptome fehlen. Bei der histologischen
Untersuchung eines vom Herrn Vortragenden beobachteten Falles ergab
sich, dass die Nieren (Glomeruli, gerade Harnkanälchen und Henle'sche
Schleifen) und die Haut (Grundmembran der Schweissdrüsen, Membran
des Haarbalgs, das oberste Corium, die Fasern der glatten Musculatur)
am reichlichsten Silberkörnchen führen, was wohl auf die secretorische
Thätigkeit beider Organe zu beziehen ist, ebenso sind die Plexus chorioid.,
die Gelenkzotten und die Mesenteriallymphdrüsen stark pigmentirt,
weniger sind die Leber, Milz, der Darmkanal, die serösen Häute, Periost
und Perichondrium, und am geringsten die Lunge und das centrale
Nervensystem betheiligt.

Ueberall ist das Silber vorzugsweise im Bindegewebe und besonders im homogenen Bindegewebe der Grundmembranen abgelagert, Epithel- und Drüsenzellen sind allenthalben vollkommen intact.

Die Vertheilung des Silbers im Organismus geschieht auf dem Wege der Blutcirculation; dafür spricht namentlich die hohe Betheiligung der Intima aller Arterien. Ein Theil des Silberpigments gelangt aber nicht direct in das Gefässsystem, vielmehr erst, nachdem es die Chylusbahnen (Mesenteriallymphdrüsen, Ductus thoracicus) passirt hat. Es bleibt wie in einem Filter liegen, wo es undurchdringliche Zellenmembranen, dichte Maschenwerke oder gewisse mechanische Affinitätsverhältnisse an bestimmten Gewebstheilen vorfindet.

Ob das Silber im Darmkanal auch schon als Körnchen aufgenommen oder in gelöster Form resorbirt wird, ist fraglich. Ersteres ist wahrscheinlich, denn dahin weisen 1) die Untersuchungen des Vortragenden über Zersetzung der aus Arg. nitr. bereiteten Pillen, in welcher Weise das Medicament in dem zu Grunde liegenden Falle verabreicht worden war; 2) der Umstand, dass bis jetzt Argyria nur in solchen Fällen beobachtet wurde, in welchen regulinisches Silber sich im eingeführten Silber bereits gebildet hatte; 3) die Aehnlichkeit der Pigmentbilder im Darm mit denen bei Fettresorption; 4) das Fehlen der Endothelzeichnung, wie sie an Präparaten, welche in eine salpetersaure Silberlösung getaucht sind, hervortritt.

Bei der sich anschliessenden Discussion erinnert Herr Geh. Med.-R. Prof. RADIUS daran, dass schon früher Argyria beobachtet sei, als der Herr Vortragende meinte (HEIM u. A.) und bemerkt, dass auch das regulinische Quecksilber, im Knochen z. B., nachgewiesen sei. Herr Geh. Med.-R. Prof. WAGNER macht darauf aufmerksam, dass bei Argyria die Hautnarben nicht gebräunt werden, weil sie keine Drüsen und Haarbälge besitzen. Wie bei der Argyria, so sind auch bei anderen Intoxicationen (Bromkalium, Jod, Blei) bestimmte Organe in bestimmter Weise afficirt, eine Thatsache, deren Aufklärung für die Erkenntniss der Intoxicationen von der grössten Wichtigkeit sei.

Sitzung vom 30. November 1875.

I. Vortrag des Herrn BÄLZ über antipyretische Wirkung der Salicylsäure bei Abdominal-Typhus.

Der Herr Vortragende bestätigt die günstigen Erfahrungen, welche unter Anderen in den Kliniken von Basel, Greifswald und Tübingen gemacht worden sind und erklärt die Salicylsäure, besonders in der Form als salicyls. Natron, für ein wichtiges antipyretisches Mittel, dessen Einführung in die Privatpraxis er dringend empfiehlt.

Bezüglich der Form, in welcher Salicylsäure im hiesigen Hospital angewandt wurde, bemerkt der Herr Vortragende, dass die Salicylsäure zuerst in concentrirter Lösung (1 : 300), dann als Schüttelmixtur, oder als Saturation mit Natron phosphoricum gegeben wurde, aber ohne durchschlagenden Erfolg. Erst die Darreichung des Salzes, des salicyls. Natrons, auf Empfehlung THIERFELDER's (Rostock) hin, hat eine ganz überraschend günstige Wirkung bewiesen. Die Patienten nahmen das Salz gerne, und die sonst beobachteten complicirenden Nebenerscheinungen nach der Darreichung von Salicylsäure fehlen hier. Die von anderer Seite (München) mitgetheilten Blutungen nach der Darreichung von Salicylsäure konnte der Herr Vortragende nicht bestätigen. Die gewöhnliche Dosis beträgt 6,0 Gramm salicyls. Natron in etwas HO gelöst.

Die Temperatur erniedrigende Wirkung des salicyls. Natrons ist ganz eclatant, wie die von dem Herrn Vortragenden vorgelegten Curven demonstriren. In einem Falle trat in 2½ Stunden nach einmaliger Darreichung von 6 Gramm salicyls. Natron ein Temperaturabfall von 39,9—37,0 ein. In einem anderen Falle sank die Temperatur von 40,8 auf 36,0 nach einmaliger Darreichung von 6,0 salicyls. Natron. Zwei Fälle endigten letal, von welchen der eine in 24 Stunden 25,0 salicyls. Natron erhalten hatte.

Der Symptomencomplex nach der inneren Verabreichung von salicyls. Natron ist gewöhnlich der, dass etwa 15 Minuten nach der Verabfolgung des Mittels ein meist mehrere Stunden dauernder Schweiss eintritt. Ohrensausen ist nicht so beträchtlich, wie bei Chinin. Die

Temperatur sinkt allmählich meist in einigen Stunden um 3—5 °. Die Temperaturerniedrigung hält im Allgemeinen nach salicyls. Natron länger an, als nach den kalten Bädern. Auffallend ist der bedeutende Hunger, welcher in jedem Stadium des Typhus nach der Darreichung des Mittels beobachtet wurde, welche Wirkung auch der Herr Vortragende aus Erfahrung an sich selbst bestätigen konnte. Sonstige Symptome traten nach der Einnahme von 6,0 salicyls. Natron beim Herrn Vortragenden nicht ein.

Doch passt die Salicysäure nicht für jene Fälle von Typhus mit schweren Lungen- und Hirnerscheinungen.

Zum Schluss empfiehlt der Herr Vortragende das Mittel besonders für die Privatpraxis, in welcher die kalten Bäder zuweilen mit Schwierigkeiten verbunden seien, und demonstrirt endlich die Salicylreaction des Urins mittelst verdünnter Lösung von Eisenchlorid.

An der sich anschliessenden Discussion betheiligen sich vorzugsweise die Herren DDr. BAHRDT, HEUBNER, THOMAS, FEHLING und HÖRDER. Dr. BAHRDT fragt nach dem Vorkommen der Hypostasen nach der Darreichung von Salicylsäure, die ja bei den kalten Bädern selten seien. Dr. BÄLZ beobachtete keine Hypostasen nach der Darreichung von Salicylsäure. Waren schwere Lungenerscheinungen vorhanden, dann wurde das Mittel, wie bereits bemerkt, nicht gegeben. Prof. HEUBNER erinnert daran, dass auch nach der Darreichung von Ricinusöl und Calomel gelegentlich Temperaturerniedrigung bei Typhus beobachtet worden. Derselbe fragt sodann, ob das Mittel nicht blos in der ersten, sondern auch in der späteren Zeit angewandt wurde. — Dr. BÄLZ gab es in der 1., 2., 3. und 4. Woche des Typhus mit demselben günstigen Erfolg. — Prof. THOMAS constatirt ebenfalls gelegentlich plötzliche Temperaturerniedrigung bei ganz indifferenter Behandlung des Typhus. Dieselbe sei nach Calomel z. B. aber nicht 48 Stunden anhaltend. Dr. FEHLING constatirt das prompte Sinken der Pulsfrequenz nach der Darreichung der Salicylsäure und fragt, wann das Mittel am vortheilhaftesten gegeben werde, ob während der Fieber-Exacerbationen oder Remissionen. Dr. BÄLZ gab das Mittel gewöhnlich zwischen 8 Uhr Abends bis Mitternacht.· Auch die Herren DDr. CREDÉ, HÖRDER bestätigten aus ihrer Praxis die von dem Herrn Vortragenden mitgetheilten günstigen Resultate. Dr. LUBENSKY gab das Mittel als Salicylsäure-Schüttelmixtur und bestätigt (2 Fälle) den Ekel der Patienten und die bekannten unangenehmen Nebenwirkungen.

Prof. Hennig räth zu Versuchen mit kleinen Gaben von Alkohol, den Dohm als antipyretisches Mittel empfohlen.

*

II. Vortrag des Herrn HENNIG über das amerikanische Becken.

Die genaueren Beschreibungen von Becken bestimmter Racen, z. B. der mongolischen, der amerikanischen u. s. w., fehlen bis auf wenige Notizen zum Theil vollständig. Um so willkommener war für den Herrn Vortragenden die Gelegenheit ein Becken einer lebenden Nord-Indianerin zu untersuchen. — Das Becken ist nicht rund, sondern queroval, nähert sich also mehr den Becken der europäischen Race. Besonders ist in Folge der bedeutenden Entwicklung der äusseren Beckenmuskeln die Breite sehr ausgeprägt, die Conjugata tritt zurück wie beim rhachitischen Becken. Zum Schluss legt der Herr Vortragende eine Zeichnung vor, welche das amerikanische Becken nebst einem europäischen zeigt und zwar ersteres in letzteres hineingezeichnet.

Die in Rede stehende Indianerin, an einen Quadron verheirathet, ist 26 Jahre alt und hat nur einmal, vor 7¾ Jahren, geboren. Die Geburt war wegen ihres vergleichsweise mit andern Nordamerikanerinnen etwas kleinen, platten Beckens schwer und währte 24 Stunden, verlief aber ohne Kunsthülfe.

Die genommenen *Beckenmaasse* sind :

Umfang:	920 Cm.
Höhe des Beckens	150 „
Abstand der Spinae anter. sup.	220 „
„ „ Cristae ilei	280 „
Conjug. externa	180 „
Grosser schräger Durchmesser	190 „
Abstand der Spin. sup. poster.	100 „
Höhe der Schamfuge	40 „
Schamwinkel	90 Grad
Abstand der Trochanteren	300 Cm.
„ „ Tubera ischii	110 „
Diagonalconjugata	103 „
Länge der Crista ilei	170 „
Höhe der Darmschaufel	90 „

Abstand der Symph. pubis von Sp. a sup. 140 Cm.

Länge des Kreuzbeins 110 „

Das Becken ist etwas schräg im Eingange.

Sitzung vom 28. December 1875.

*I. Vortrag des Herrn AHLFELD über die Verletzungen der Becken-
gelenke während der Geburt und im Wochenbette.*

Verletzungen der Beckengelenke sind häufiger, als man bis jetzt
angenommen. Ausser 9 selbst beobachteten Fällen konnte der Herr
Vortragende gegen 100 in der Literatur veröffentlicht finden. Viele
Fälle aber bleiben verborgen aus Furcht und aus Unkenntniss des Vor-
kommens.

Zur Zerreissung disponiren vor Allem acute traumatische Entzündungen der Gelenke und chronische Entzündungen (übermässige An-
sammlung von Gelenkflüssigkeit in der Symphyse) und Knochenerwei-
chung (Osteomalacie). Unter den gesunden Becken sind am meisten
gefährdet die, welche im queren Durchmesser des Beckenein- und Aus-
ganges verengt sind, also die allgemein verengten und die Trichter-
becken. Beim osteomalacischen Becken wirkt auf das Zustandekommen
der Zerreissung ebenfalls die quere Verengung des Beckeneinganges.
Das rhachitische Becken kann nur sehr schwer in seinen Symphysen
zerreissen.

Als Keil, welcher das Becken auseinandertreibt, wirkt gewöhnlich
der Kopf, vorangehend oder folgend. Quere Einstellungen des Kopfes
in Beckenmitte und Ausgang, 3. und 4. Schädellagen, in denen die
breitere Stirn durch den Schaambogen hindurch zu gehen hat, sind für
die Zerreissung sehr günstige Momente. Kommt nun noch dazu, dass
die Zange bei der Extraction zu zeitig gehoben wird, so ist das üble
Ereigniss noch eher zu erwarten. Ein Fall wurde beobachtet, wo die
Frau in kniend-kauernder Stellung niederkam.

Die Symptome sind theils subjective, theils werden sie von den
Anwesenden wahrgenommen (Hören eines Zerreissungsgeräusches, hef-
tiger plötzlicher Schmerz, plötzliches Durchtreten des Kopfes). Im wei-

teren Verlauf fällt vor Allem auf: Unbeweglichkeit, abnorme Stellung der unteren Extremitäten (Auswärts-Rotation), unfreiwilliger Abgang von Urin, Fluctuation in der Symphysengegend, Beweglichkeit der Fugen u. s. w.

Die Diagnose der Zerreissung ist nicht schwer, wenn nur der Arzt an sie denkt.

Das beste Heilmittel bleibt der Beckengürtel, welcher mit um so mehr Erfolg angelegt wird, je zeitiger die Trennung entdeckt wird. Findet keine richtige Therapie statt, so geht der grössere Theil der Frauen zu Grunde, andere behalten bleibende Nachtheile (Unmöglichkeit des Gehens, bewegliches Gelenk). Von Interesse sind die Fälle von Selbsthülfe der Natur bei engem Becken, in denen die Geburten nach der Zerreissung wesentlich leichtere waren, also eine Vergrösserung des Beckeneingangs blieb.

Anknüpfend hieran sprach der Herr Vortragende von der Vergrösserung der Conjug. vera, die durch Zerreissung der Symphyse ermöglicht wird. Die Vergrösserung ist nur sehr gering, wenn nicht eine Drehung der Darmbeine am Kreuzbein stattfindet, so dass die Symphyse tiefer zu stehen kommt, also vom Promontorium weiter absteht. Dieser Mechanismus ist vom Herrn Vortragenden in einem Falle beobachtet worden und durch Controllversuche an der Leiche bestätigt.

Sodann demonstrirt Herr Dr. Ahlfeld 2 mikroskopische Präparate von sehr frühzeitigen Doppelmissbildungen des Hühnchens von dem 2. und 4. Tage der Bebrütung. Die beiden Fälle gehören in die Kategorie der Duplicitas posterior.

II. Herr *THOMAS* theilt mit, dass er bei einer Puerpera einmal 6 Gr. salicyls. Natron als Antipyreticum gegeben und zwar mit vollständigem Erfolg. — Derselbe macht auf die Anwendung subcutaner Injectionen von Strychnin (1,0 : 150,0) bei Bettnässen aufmerksam. Das Mittel wurde bei 2 etwa 15 jährigen Patienten mit vollkommenem Erfolge (3 Injectionen) angewandt. Herr Med.-Rath B. Schmidt sah von Extr. bellad. in Dosen von 0,006—0,008 2—3 Mal p. d. gute Resultate.

III. Zum Schluss demonstrirt Herr Schmidt die Jürgensen'sche Magenpumpe. Bezüglich der Erfindung der Magenpumpe ist von Interesse, dass schon in GÜNTHER's Operationslehre die heute in Gebrauch befindlichen Magenpumpen von KUSSMAUL und JÜRGENSEN unter dem Namen der Weiss'schen und der Read'schen Magenpumpe beschrieben sind.

Sitzung vom 25. Januar 1876.

Vortrag des Herrn SCHMIDT, sowie Erläuterung einer Anzahl von normalen und pathologischen Prostata-Präparaten.

Ausgehend von der allgemeinen Annahme, dass nach vollendetem 50. Lebensjahre meist eine Neigung zur Vergrösserung der Prostata eintrete, führt der Herr Vortragende unter Anleitung der Abhandlung von KOCHER die Statistik von THOMPSON und MERCIER an, von denen ersterer in 130 Fällen 56 mal Vergrösserung (mit über 6 Drachm. Gewicht) feststellte, während MERCIER erst über 10 Drachm. schwere Prostata hypertrophisch nennt. — Gleichmässige, d. h. alle Lappen betreffende Vergrösserungen sind selten (ein derartiges Präparat wurde vorgelegt). — Die schwersten Symptome macht die Hypertrophie des sogenannten mittleren Lappens, der vergrösserte Theil ragt dann oft bis tief in die Blase hinein, die Pars prostatica urethrae erleidet eine wesentliche Formveränderung. Es findet eine Längenausdehnung statt, so dass unter Umständen ein gewöhnlicher Katheter nicht bis in die Blase gelangt. Vergrössern sich die beiden Seitenlappen, so kommt es durch Druck der Lappen zu einer Erweiterung der Harnröhre von vorne nach hinten, die dann auf den Querschnitt Y-förmige Gestalt zeigt. Die Hauptschwierigkeit der Einführung des Katheters liegt nun in einer Richtungsänderung der Harnröhre. Während die vordere Wand eine regelmässige, aber schärfere Krümmung zeigt, hat die hintere Wand ein durch Zerrung fast geknicktes Aussehen, ein Umstand, welcher veranlasst, dass das Instrument an der Knickungsstelle leicht sitzen bleibt und die Gefahr falscher Wege im Gefolge hat. Es empfiehlt sich daher in solchen Fällen ein langer, stärker gekrümmter Katheter, welcher langsam an der Vorderwand eingeführt werden muss. Selbst kathetrisiren lasse man den Patienten nur mit elastischen Instrumenten, am besten mit ganz weichen, Nélaton'schen Kathetern. Die Harnblase ist meist stark verändert (Divertikelbildung, Hypertrophie der Muscularis).

Die durch die Prostatahypertrophie veranlassten Beschwerden beziehen sich sämmtlich auf unregelmässige Harnentleerung. Theils ist die Entleerung des Harns erschwert bis zur vollständigen Harnverhaltung, theils bewirkt sie unwillkürlichen Abgang von Urin. Der letztere Fall tritt namentlich ein, wenn sich durch Aneinanderlegen der Seitenlappen ein trichterförmiger Eingang, der sich fortwährend mit Harn füllt, ausbildet. — Die sogenannte Ischuria paradoxa findet sich bei Hypertrophie des mittleren Lappens; hier ist anfangs gar kein Eintritt von Harn in die Urethra möglich, bis bei zunehmender Blasenfüllung Auseinanderzerrung und plötzliche Entleerung folgt.

Die Diagnose der Prostataerkrankungen ist oft schwer und kann mit Sicherheit meist erst dann gestellt werden, wenn bei verschiedener Füllung der Blase durch das Rectum und durch gleichzeitige Einführung des Katheters die Untersuchung vorgenommen wird. Bei gefüllter Blase liegt die hintere Prostatafläche zumeist in gleichem Niveau mit der ausgedehnten hinteren Blasenwand, und ist deshalb die Prostatageschwulst schwerer zu fühlen und abzugrenzen als bei leerer Blase. Die Therapie hat hauptsächlich durch regelmässige Entleerung der Blase deren Veränderungen vorzubeugen. Operative Eingriffe, sowie Jodeinspritzungen sind wegen der Gefahren der Abscessbildung nicht zu empfehlen.

Sitzung vom 29. Februar 1876.

I. Vortrag des Herrn NIEMEYER über Theorie der Auscultationszeichen.

Der Herr Vortragende hob zunächst die Nothwendigkeit hervor, die Auscultationszeichen nicht ausschliesslich empirisch, sondern nach einem theoretischen Grundgedanken zu erforschen. Im Besonderen suchte er die Unhaltbarkeit der bis jetzt geläufigen Ansicht, dass die Geräusche durch Reibung entstehen, nachzuweisen. Die richtige Erklärung der in geschlossenen, von Luft oder Flüssigkeit durchströmten Röhren entstehenden Schallzeichen bietet die neuerdings von den Physikern gelehrte Oscillationstheorie, nach welcher Schallbildung immer nur da zu Stande kommt, wo eine Stenose die Luft oder das Blut in Schwingungen versetzt, so dass die circulatorischen und respiratorischen Zeichen der physikalischen Genese nach als identisch zu betrachten sind. Ausgeschlossen von dieser Erklärung bleiben nur die Töne und Klänge, sowie die accidentellen Schallzeichen. Jene entstehen durch Schwingung von Membranen, welche durch den Blut- oder Luftstrom in Schwingung versetzt werden; zu diesen gehört der Herz- und Arterienchoc und das Zellenknistern. Dass alle übrigen Geräusche durch Oscillation, hervorgerufen durch eine Stenose, zu erklären sind, sprachen schon LAENNEC und SKODA unbewusst aus, indem sie das Blutgeräusch ein blasendes nannten und die respiratorischen Athemgeräusche durch Hervorbringung eines H oder Ch nachahmten. Die neuere anatomische Forschung hat durch den Nachweis von arteriellen Stenosen und durch den Befund der relativen Klappeninsufficienz diese Theorie wesentlich gestützt. Wird der Strom so stark und die Stenose so eng, dass regelmässige Oscillationen zu Stande kommen, so entsteht statt des Geräusches ein pfeifender Ton, z. B. bei Asthma.

Zum Schluss gab der Herr Vortragende eine literarische und kritische Uebersicht, um zu zeigen, dass die Annahme der Oscillationstheorie in maassgebenden Kreisen Fortschritte mache.

II. Herr TILLMANNS demonstrirt ein etwa Mannskopf grosses Aneurysma der Aorta,

welches dicht über den Klappen seinen Ursprung nahm und das Brustbein fast ganz zerstört hatte. Das Präparat stammte von dem in der Sitzung vom April vorigen Jahres vorgestellten Patienten[1]). Der Herr Vortragende hebt hervor, dass in letzter Zeit die Diagnose eines Aorten-Aneurysma besonders dadurch sicher gestellt wurde, dass Hämorrhagien in der Wand des Tumors, in der Haut, eintraten. Patient starb nicht plötzlich in Folge der Berstung des Sackes nach aussen oder nach innen in den Thorax, sondern allmählich an den Folgen der Compression, welche die Geschwulst auf die Brustorgane ausübte.

---

1) S. Seite 8 dieses Berichtes.

Sitzung vom 28. März 1876.

Vortrag des Herrn BÄLZ über die Anwendung der Salicylsäure.

Beim Vergleich der reinen Säure und des salicylsauren Natron kommt der Herr Vortragende zu dem Schlusse, dass letzteres in seiner Anwendungsweise nicht theurer zu stehen komme und geringere Gefahren bei seinem Gebrauch biete. Die Wirkung des Salzes sei eine Temperatur herabsetzende, es kommen Abfälle von 6—7° vor, ohne Collaps oder andere schlimme Erscheinungen; häufig steigt die Temperatur wieder und es erfolgt ein zweiter Abfall u. s. w. Einen wesentlichen Einfluss habe das salicylsaure Natron auf das Nervensystem, besonders bei Frauen, der sich durch Angst, Unruhe, Delirien, selbst maniakalische Anfälle ausprägt. Die Pulsverminderung entspricht nicht dem Temperaturabfall. Sodann wirkt das Mittel stark diuretisch und meist regt es die Schweisssecretion kräftig an. Eigenthümlich ist die Wirkung bei Rheumatismus acutus, wo nicht nur die Temperatur herabgesetzt wird, sondern auch die Schmerzen beseitigt werden. Recidive bleiben allerdings nicht aus.

Bei Malaria steht das Mittel dem Chinin entschieden nach. Die subcutane Anwendung des salicylsauren Natron (5,0 in 7—8 Ccm.) ist nach der Ansicht des Herrn BÄLZ nicht sehr empfehlenswerth, und zwar wegen der Schmerzen, brandigen Abstossungen, und des unsicheren Erfolges. Die Anwendung in Klysmata ist besser; im letzteren Falle sind aber doppelte Dosen nothwendig.

Ferner wurde Thymol versucht, anfangs in Dosen von 0,1, später 3—4,0 in Emulsionen. Die Temperatur wird ebenso sicher herabgesetzt, doch ist die Wirkung eine kürzere, auch klagen die Patienten mehr, so dass dieses Mittel vor dem salicylsauren Natron keinen Vorzug besitzt.

Von einer Anzahl subcutaner Carbolinjectionen bei Gelenkrheumatismus berichtet BÄLZ, dass dieselben in 75% ohne Erfolg waren. Schliesslich vergleicht der Herr Vortragende die Wirkung von salicylsaurem Natron, Thymol und kalten Bädern; er glaubt, dass die letzteren in gewissen Fällen durch salicylsaures Natron nicht ersetzt werden können, schliesst daran aber die Auffassung, dass die Wirkung der kalten Bäder durch die Muskelaction des Patienten während letzterer bald wieder vernichtet werde.

Discussion:

Herr THOMAS hat vielfach salicylsaures Natron in der Kinderpraxis angewandt; er sah Erbrechen darnach trotz beigefügter Corrigentia. Er gab Kindern unter ½ Jahr stets 2,0 auf einmal und sah stets prompten Temperaturabfall, jedoch nie subnormal.

Herr HELFER hat die Wirkung des salicylsauren Natron an sich selbst bei Rheumatismus acutus erprobt und schildert dieselbe als sehr wohlthuend. Kleine Recidive wurden durch neue Dosen beseitigt.

Herr HEUBNER betont, dass die Herabsetzung eines einzigen Symptoms, der Temperatur, nicht für den Nutzen des Mittels beweisend sei. Die Mortalität des Typhus bei Salicylbehandlung spreche gegen das Mittel. Die Wirkung der kalten Bäder beziehe sich besonders auf das Nervensystem (Excitans). In der Salicylbehandlung liege für den Arzt die Gefahr, sich in eine gewisse Sicherheit einwiegen zu lassen, z. B. bei Bronchitis.

Herr BÄLZ erwiedert darauf, dass die letzte Typhusepidemie eine schwerere als früher gewesen sei. Es seien 15% der mit Salicylsäure und 15% der mit kalten Bädern behandelten Kranken gestorben.

Auf eine Anfrage von Herrn BAHRDT erklärt Herr BÄLZ, dass bei hypostatischen Pneumonien Typhöser Bäder verabreicht worden seien.

Herr THOMAS hat maniakalische Erregung auch bei kalten Bädern und Chinin gesehen. Die croupöse Pneumonie sei unter Salicylbehandlung anders verlaufen, als bisher, nie sei ein ganzer Lappen ergriffen worden.

Herr E. WAGNER macht auf die Frage aufmerksam, wie sich Salicylsäure gegen Complicationen verhalte. Er betont den Nutzen der kalten Bäder bei Typhus, wo der Tod in der Mehrzahl der Fälle durch Lungenaffectionen eintrete. Dieser Nutzen werde jedoch nur bei systematischer Behandlung erzielt.

Sitzung vom 25. April 1876.

Vortrag des Herrn HOFMANN: „Zur Staubfrage".

Der Herr Vortragende erörtert zunächst den Ursprung des Staubes in einer Stadt. Abgesehen vom Staub in Folge des Fabrikbetriebes und der Essen ist derselbe ganz besonders durch den Strassenverkehr bedingt. Die auf den Strassen gebildete Menge Staub hängt nämlich ab 1) von der Weichheit oder Härte des Strassenkörpers, 2) von der Grösse des Verkehrs, d. h. der Zahl und Schwere der Wagen und Thiere, 3) von der Menge von Stoffen, die in Folge schlechter Ladung von den Wagen fallen.

Sobald die oberen Schichten des Bodens soweit zerkleinert sind, dass die Theile durch den Luftstrom weiter in die Höhe geführt werden, entstehen die Klagen über Staub. Was die Zusammensetzung des Staubes anlangt, so ist dieselbe z. B. für die einzelnen Strassen und Plätze Leipzigs sehr verschieden. Der Staub aus Strassen der inneren Stadt enthält z. B. sehr viele organische, d. h. verbrennliche Bestandtheile (etwa 20—30%), während derjenige von der Promenade nur 7% organische und 93% unorganische Bestandtheile aufwies. Was die Menge des Staubes betrifft, so kann dieselbe eine erstaunliche werden. Eine Bestimmung im Frühjahre 1875 ergab für die Waisenhausstrasse, eine Strasse mit verhältnissmässig geringerem Verkehr, etwa 17 Centner Staub pro Tag. Die Quelle dieses Staubes sind hier vorzugsweise die nicht gepflasterten Trottoire, die jährlich 2 mal mit Sand aufgefüllt werden. Das Pflasterungsmaterial selbst ist sehr gut und hart, aber zwischen den Bruchsteinen finden sich verhältnissmässig grosse Zwischenräume. Eine Messung ergab etwa 40—50% Zwischenräume der Pflastersteine, es ist somit fast die Hälfte dieser gepflasterten Strassen in Wirklichkeit nicht gepflastert.

Die Klagen über Staub sind in Leipzig besonders im Frühjahr und Herbst zu hören, weil zu dieser Zeit heftigere Windströmungen sind, welche dann den Staub nicht blos sehr hoch, sondern auch weithin durch die ganze Stadt treiben.

Zum Schlusse geht der Herr Vortragende auf die Schwierigkeiten über, welche einer wirksamen Abhülfe des Staubes entgegenstehen. Die von anderer Seite empfohlene Bepflanzung öffentlicher Plätze, Strassen u. s. w. mit Bäumen ist nicht wirksam genug, wie durch Beispiele bewiesen wird (Rosenthal). Ebenso ist die Begiessung kaum genügend auszuführen, sie ist sehr theuer und erfordert Wassermengen, welche Leipzig zur Zeit nicht liefern kann, z. B. erforderte die noch nothdürftige Besprengung im vorigen Jahre pro Tag über 1 Million Liter Wasser. Eine möglichst vollständige Bepflasterung der Strassen und grösseren Plätze ist durchaus anzurathen; hierzu aber ist viel Geld erforderlich.

An der sich anschliessenden Discussion betheiligen sich ausser dem

Herrn Vortragenden die Herren Hennig, Schildbach, Ploss, Benno Schmidt und E. Wagner. Es wird einerseits einer ausgedehnten Bepflanzung, guten Bepflasterung und einer energischen Besprengung resp. Abspülung der Strassen, besonders vor Sonnenaufgang,' das Wort geredet, andererseits aber nicht die Schwierigkeiten verkannt, welche durch die grossen Kosten und durch den Wassermangel gegeben sind. Der Herr Vortragende spricht sich dafür aus, dass jedes Jahr vielleicht 2—300,000 Mark aus der Stadtkasse für gute Bepflasterung verwendet werden mögen. Der von Herrn Ploss empfohlene Asphalt (London) ist für unser Klima im Winter zu spröde und im Sommer zu weich, abgesehen von' den bedeutenden Kosten. Was die Bespülungen unserer Strassen betrifft (wie in Hamburg, Paris), so würde dieselbe, abgesehen vom Wassermangel, auch noch leicht zur Verschlämmung unserer Canäle führen, die meistens ein nur geringes Gefälle besitzen.

Sitzung vom 30. Mai 1876.

Vortrag des Herrn WAGNER über Staubkrankheiten.

Der Herr Vortragende betont zunächst die Thatsache, dass bis vor nicht allzu langer Zeit die Ansichten der einzelnen Autoren getheilt waren, ob überhaupt Staub in die Lungen gelangen könne. Traube theilte den ersten Fall von Holzkohlenlunge mit und bewies damit die Möglichkeit des Eintritts von Kohlenstaub in die Lunge. Einige Jahre später beschrieb Zenker seine bekannte Eisenoxydlunge bei einer Fabrikarbeiterin. Seitdem haben sich unsere Kenntnisse bezüglich der Staubkrankheiten der Lunge sehr erweitert. Sehr häufig sind die Steinhauerlungen, in welchen Kussmaul an Steinsand 24%, Meinel 30 1/2 % und Dittrich 45 1/2 % der Lungenasche fand. Ausserdem gelangen noch folgende Staubarten in die Lungen, welche hinsichtlich ihrer chemischen und physikalischen Constitution sehr verschieden sind.

1) Holzstaub bei Schneidemüllern, Tischlern u. s. w., 2) Getreide- und Mehlstaub beim Dreschen und Reinigen des Getreides, dann bei Müllern, Bäckern u. s. w., 3) Woll- und Tuchstaub, 4) Haarstaub, besonders beim Reinigen der russischen Rosshaare, bei Kürschnern, Hutmachern u. s. w., 5) Hornstaub, 6) gemischter Strassenstaub.

3 *

Eine grosse Menge von dem eingeathmeten Staub gelangt nicht in die Lunge, sondern bleibt unterwegs liegen, besonders in der Nase, an der hinteren Rachenwand bei chronischer Pharyngitis, endlich im Larynx. Im Schleim der Respirationswege wird viel Staub fixirt, wie man besonders an plötzlich in ihrem Beruf Verstorbenen constatiren kann. Aus diesem Gebundenwerden des Staubes durch den vorhandenen Schleim resultirt eine wichtige Bedeutung der Schleimdrüsen als Schutzorgane, deren Secretion sich mehr oder weniger an die vorhandene Menge des eingeathmeten Staubes accommodirt.

Bezüglich der schädlichen Einwirkung des Staubes ist die individuelle Disposition, ferner die Menge, die Art und Beschaffenheit des eingeathmeten Staubes von Wichtigkeit.

Was die Vertheilung des Staubes in den Lungen anlangt, so illustrirt der Herr Vortragende dieselbe durch schematische Zeichnungen. Die spitzigen Staubkörnchen bohren sich wahrscheinlich direct aus den Alveolen in das Lungengewebe; die mehr indifferenten, z. B. Russ, gelangen in die Lymphwege, sie lagern sich vorzugsweise im peribronchialen Bindegewebe, in der Adventitia der Gefässe, zwischen den einzelnen Lungenläppchen, zwischen den Alveolen ab. Sie bedingen vorzugsweise die schwarze Färbung der Lungen.

Die durch den eingeathmeten Staub bedingten schädlichen Folgen bestehen in katarrhalischen Affectionen des Larynx, der Trachea, der Bronchien, in parenchymatösen Entzündungen, d. h. in eitriger Infiltration der Bronchialwand, in Bronchialverstopfung und Bronchialerweiterung. Von besonderer Wichtigkeit ist hier die Menge und die reizende Natur der eingeathmeten Staubmassen. An einer vor Kurzem secirten Steinhauerlunge fand sich ein sehr charakteristisches Bild, welches aber in dieser Reinheit selten vorkommt: man constatirte auf der Oberfläche der Lunge zahlreiche eigenthümlich gelblich-weisse tuberkelartige Erhebungen, welche sich steinhart anfühlten. Auf dem Durchschnitt sah man unter dem Mikroskop abgekapselte Sandmassen, umgeben von Russ. Der gewöhnliche Befund der Steinhauerlungen ist nicht so rein, sondern man beobachtet die verschiedensten chronisch-entzündlichen, resp. käsigen Affectionen der Bronchien, wie der Alveolen des Lungengewebes. Zum Schluss demonstrirt der Herr Vortragende eine schematische Zeichnung einer mit Russ infiltrirten Bronchialdrüse, sodann eine Bergmannslunge, eine Eisen- und Steinhauerlunge.

In der sich anschliessenden Discussion betont Herr Hennig die

Nothwendigkeit, dass auch gepflasterte Strassen besprengt werden müssten, und der Herr Vortragende erinnert daran, dass besonders das Wiener Pflaster wegen seiner Weichheit in besonders schlechtem Rufe stehe und zu Staubkrankheiten führe.

Sitzung vom 27. Juni 1876.

I. Vortrag des Herrn ZÜRN „Ueber die verschiedenen von Thieren auf Menschen übertragbaren Krätz-Milben."

Der Herr Vortragende betont zunächst, dass beim Menschen nicht nur Sarcoptes communis Krätze hervorrufe, sondern dass *alle Arten* von Sarkoptiden der Hausthiere (z. B. von räudigen Hunden, Ziegen, Schweinen, Kaninchen u. s. w.) auf Menschen übertragen werden können. Die Sarkoptiden kommen nicht blos in der Epidermis, sondern auch in den tieferen Cutisschichten, ja in sehr seltenen Fällen in Knochen vor, wie dies ein menschliches Schulterblatt in den Sammlungen des pathologischen Institutes zu Jena beweist. Der Herr Vortragende illustrirt die Anatomie der Sarkoptiden durch schematische Abbildungen, betont hierbei, dass sowohl bezüglich der Grösse der Milben innerhalb einzelner Species (besser ausgedrückt Varietäten), als auch bezüglich des Baues der als charakteristisch angesehenen Rückenschuppen und der Form der Rücken- und Brustdornen starke Variationen vorkommen.

Sarcoptes scabiei s. communis kommt beim Pferd und neapolitanischen Schaf vor und kann von genannten Thieren auf den Menschen übergehen, wie Uebertragungen der qu. Ektoparasiten von krätzigen Menschen auf gesunde Pferde beobachtet worden sind. Von Hunden, Schweinen, Ziegen und Schafen kann *Sarcoptes squamiferus*, von Katzen und Kaninchen *Sarcoptes minor* auf den Menschen übertragen werden. *Sarcoptes squamiferus* erzeugt bei seinen Wirthen eine starke *Krustenkrätze* und scheint auch identisch mit jener Milbe zu sein, welche man als specifische, bei der bekannten norwegischen Krätze thätige, Sarkoptide ansah.

Bei Vögeln, besonders Singvögeln, kommt *Sarcoptes nidulans*, bei Hühnern *Sarcoptes mutans* vor, welche aber bei Menschen und Säugethieren noch nicht beobachtet wurden. Bei Hausthieren finden sich

dagegen noch *Dermatophagus* und *Dermatocoptes*. Erstere Milbenart
sah der Herr Vortragende in einem Fall von menschlicher Alopecie.
(Ob die Milben zufällig auf die Kopfhaut des betreffenden Menschen
gekommen waren, lässt Redner dahingestellt.) Beide Milbenarten kommen z. B. auch in den Ohren von Kaninchen vor, wo sie sogar gefähr-
liche Veränderungen (Perforation des Trommelfelles, Entzündung der
Paukenschleimhaut, Affection des Acusticus und des Gehirns) veran-
lassen. In solchen Fällen ist die Haltung des Kopfes charakteristisch,
d. h. der Kopf ist um die sagittale Axe gedreht, wie an einem Kaninchen mit einer solchen Affection demonstrirt wird.

Acarus folliculorum findet sich besonders bei Hunden und Katzen.
Die Hautaffection ist sehr intensiv; es fallen nicht blos die Haare aus,
wie Gruby behauptet (Hebra-Kaposi, Lehrbuch der Hautkrankheiten
I. Bd. p. 98), sondern es kommt zu tiefer gehenden Störungen, welche
der Heilung hartnäckig widerstehen, ja dieselbe häufig ganz unmöglich
machen. Bei Menschen ruft Acarus folliculorum in der That *akne-
artige Pusteln* hervor und die von Hebra aufgestellte Behauptung:
„dass die Haarsackmilbe nie als veranlassendes Moment, weder eines
Comedo noch einer Akne angesehen werden könne", ist unrichtig. Ob
die bei Menschen und die bei Hunden vorkommenden Haarsackmilben
verschiedenen Arten angehören, wie dies Leydig behauptet, muss dahin
gestellt bleiben. Uebertragung der Milben von Hunden, welche an der
sogenannten Balgmilbenräude litten, auf Menschen ist von dem Herrn
Vortragenden mehrfach beobachtet worden. — *Leptus autumnalis* kommt
zuweilen auf Hunden vor und die Möglichkeit, dass diese Parasiten von
Hunden auf Menschen übertragen werden können, darf nicht von der
Hand gewiesen werden.

---

*II. Herr AHLFELD demonstrirt ein lebendes, 6 Tage altes, ziem-
lich kräftiges Kind, mit beträchtlichem angeborenen Nabel-
schnurbruch.*

Für die Mehrzahl der Fälle sucht der Herr Vortragende die Entstehung der besagten Missbildung von einem aussergewöhnlichen Zuge
am Dotterstrange herzuleiten. Häufig findet sich auch eine über die
normale Zeit hinaus dauernde Persistenz des Ductus. Im Bruchsack ist
gewöhnlich das untere Stück des Ileum und das Anfangstück des Dick-
darms vorhanden, also die Partie, welche physiologisch im 2. Monat

ausserhalb der Bauchspalte in der Nabelschnur zu liegen pflegt. Die Vergrösserungen der Organe der Bauchhöhle (Leber, Milz, Niere) und die Lageveränderung derselben fasst der Herr Vortragende nur als secundäre Erscheinungen auf. Auch die Verunstaltungen des Enddarmes, die häufig vorkommende Atresia ani entstehen durch Zug am Enddarm von Seiten des Dotterstranges. Der Herr Vortragende demonstrirt 4 zugehörige Präparate. Bei 2 ist der Dotterstrang an der Spitze eines Meckel'schen Divertikels noch in Verbindung mit der Nabelschnur; in einem läuft ein Nabelschnurgefäss vom Nabel zum Mesenterium, im vierten hängt eine Nabelschnurschlinge aus dem sonst gut gebildeten Nabel heraus.

Auch die Entstehung der *Blasenspalte* (Ectopia vesicae) führt der Herr Vortragende auf einen abnormen Zug von Seiten des Ductus zurück. Doch ist die Richtung des Zuges eine andere, indem der Darmnabel weit nach den unteren Körpertheilen gezogen wird. Dadurch wird von Seiten des Enddarmes die Vereinigung aller vor ihm gelegenen Organe verhindert, es bleiben somit getrennt: die Müller'schen Gänge, die Bauchdecken, die Schamfugen. Die Blase dagegen wird nach vorne gedrängt. Durch diese Zerrung erfolgt ein Verschluss ihres Stieles, der Harn sammelt sich an und es platzt endlich die vordere Wand (Allantois und Amnion), während die hintere mit Schleimhaut bekleidete Wand, an den Rändern mit der Bauchwand verwachsen, übrig bleibt. In der gespaltenen Hinterwand der Blase liegen mehrere Oeffnungen zum Dickdarm: 1) ganz unten die Oeffnung zum Enddarm (Kloake), darüber die Oeffnung zum Coecum und, wenn beim Abreissen des Dotterstranges eine Partie des Darmes verloren ging, auch noch eine dritte Oeffnung. Geringere Grade von Blasenspalte lassen eine andere Erklärungsweise zu.

An der sich anschliessenden Discussion betheiligen sich ausser dem Herrn Vortragenden die Herren HENNIG, SCHMIDT, TILLMANNS und FEHLING. Letzterer spricht sich gegen den causalen Connex zwischen Nabelbruch und Hydrorrhachis und Spina fissa aus. Eine Ursache für das überaus häufigere Vorkommen von Ectopia vesicae bei *männlichen* Individuen weiss der Herr Vortragende nicht anzugeben, glaubt aber schon jetzt aus der Statistik mittheilen zu können, dass auch bei Mädchen die Missbildung nicht so selten vorkäme, wie man anzunehmen geneigt wäre.

Sitzung vom 25. Juli 1876.

1. Vortrag des Herrn FLECHSIG über Anatomie und Pathologie des Rückenmarks.

Die Experimentalphysiologie des Rückenmarks übergehend, erläutert der Herr Vortragende zunächst die allgemeinen anatomischen Verhältnisse an einer Tafel von STILLING und gibt dann ein gedrängtes Resumé seiner eigenen Untersuchungen des Rückenmarks beim Fötus und bei pathologischen Zuständen. FLECHSIG unterscheidet in den weissen Strängen des Rückenmarks 7 Fasersysteme. Zunächst Fasersysteme, deren Querschnitt (Faserzahl) in den verschiedenen Höhen des Rückenmarks ungefähr proportional dem Querschnitt der grauen Substanz und der auf der Längeneinheit eintretenden Wurzelfaserzahl schwankt. Sie sind zusammengesetzt theils aus peripherischen Nervenfasern, theils aus solchen, die mit der Med. oblongata in Verbindung stehen oder verschiedene Höhen des Rückenmarks unter einander verbinden. Zu diesen genannten 3 Fasersystemen kommen noch 4 andere. Zunächst Stränge von vertical verlaufenden Fasern, von denen 2 gleichwerthig sind. Die letzteren liegen theils in den Vorder-, theils in den Seitensträngen und gehen durch die „Pyramiden" der oblongata in das Grosshirn über: „Pyramiden-, Vorder- und Seitenstrangbahnen". Die Faserzahl jeder dieser Bahnen ist individuell hochgradig variabel. Es besteht im Allgemeinen das Verhältniss, dass die Faserzahl einer Vorderstrangbahn wächst in dem Maasse, als die Seitenstrangbahn der anderen Seite abnimmt und umgekehrt. Sodann finden sich in den Seitensträngen Fasern, welche das Rückenmark mit dem Kleinhirn verbinden (directe Kleinhirn-Seitenstrangbahnen) und endlich noch ein Fasersystem in den Hintersträngen (die Goll'schen Stränge), welches vielleicht mit den Vierhügeln in Verbindung steht.

Bezüglich der anatomischen Verhältnisse der grauen Substanz unterscheidet der Herr Vortragende zunächst 3 Hauptzellengruppen: eine aus grossen multipolaren Zellen bestehende (in den Anschwellungen in drei Einzelgruppen zerfallende) in den eigentlichen Vorderhörnern, eine zweite im Bereich der Processus laterales und eine dritte an der Grenze von Hinterhörnern und hinterer Commissur (Clarke'sche Säulen). Die Verbindung derselben mit den einzelnen Fasersystemen wird an einer schematischen Abbildung erläutert.

Was die *Erkrankungen* des Rückenmarks betrifft, so bringt der Herr Vortragende dieselben in 2 Hauptgruppen: 1) Erkrankungen *einzelner Systeme (systematische)*; 2) Erkrankungen, die sich nicht auf besondere Systeme beschränken *(asystematische*, z. B. Geschwülste, multiple Sklerose, Erkrankungen, welche von den Häuten ausgehen u. s. w.).

Zu den systematischen Erkrankungen gehören 1) Erkrankungen von *Zellgruppen*; a) der grossen multipolaren Zellen der Vorderhörner (bei spinaler Kinderlähmung, bei progressiver Muskelatrophie der Erwachsenen); b) Erkrankungen der Clarke'schen Säulen (1 Fall vom Herrn Vortragenden beobachtet).

2) Erkrankungen von *Fasersystemen*; a) *primär:* α. der Hinterstränge in einzelnen Fällen von Tabes; β. der Pyramidenbahnen bei progressiver Bulbärparalyse, bei symmetrischer Lateralsklerose (CHARCOT); γ. der directen Kleinhirn-Seitenstrangbahnen (nur 1 mal bis jetzt von FLECHSIG beobachtet); b) *secundäre*: die secundären Degenerationen TÜRCK's.

Die Symptome der systematischen Erkrankungen werden kurz angegeben.

Die sich anschliessende Discussion (Geh. Med.-R. WAGNER, Dr. BAHRDT) bezieht sich auf den Verlauf der coordinirenden Fasern, auf Tabes und auf die Auslösung der Reflexe bei Querlähmung.

In der Sitzung vom 26. September hielt Herr WAGNER einen Vortrag über Lungensyphilis mit Demonstration zahlreicher Präparate. Der Gegenstand ist inzwischen anderweitig veröffentlicht worden.

II. Herr SCHMIDT stellt eine Patientin mit intermittirendem Hydarthros der Kniegelenke vor.

Die Affection des rechten Kniegelenks beginnt gewöhnlich Freitags unter mehr oder minder heftigen Schmerzen, und nach 3 Tagen Abnahme des Hydrops und unterdessen beginnt alternirend der Hydrops des linken Kniegelenks in ähnlicher Weise. Der Herr Vortragende hat bereits früher einen ähnlichen Fall am Knie- und Fussgelenk beobachtet.

Die Therapie (Chinin, Solut. arsenic. Fowleri u. s. w.) war erfolglos. Herr Geh. Med.-R. WAGNER beobachtete einen Fall, welcher immer genau mit der Periode coincidirte. Herr Dr. Friedländer gibt im Anschluss hieran eine detaillirte Uebersicht über die vorliegende Literatur und Statistik des intermittirenden Hydarthros.

Moore, Medico-Chirurg. Transact. 1867. 2 Fälle.

Löwenthal, Berlin. klin. Wochenschrift 1871. No. 48. 1 Fall.

Bruns, Berlin. klin. Wochenschrift 1872. No. 1. 1 Fall.

Grandidier, Berlin. klin. Wochenschrift 1872. No. 22. 2 Fälle.

3 mal war das rechte Knie, 3 mal das linke Knie afficirt; im Recidiv des Falles von Bruns beide Kniee und zwar rechts stärker, während früher das linke afficirt war. Im Fall von Löwenthal litt der Ellbogen 6 Monate lang, 2 Jahre später das linke Knie.

Das Knie war aufgetrieben, die Contouren der Kapsel deutlich abgezeichnet und die Kapsel an den charakteristischen Stellen hervorgebuchtet, die Patella schwimmend. Röthung sah nur Moore einmal, Schmerzhaftigkeit meist deutlich entwickelt.

Die Anfälle wiederholten sich periodisch in bestimmten Zwischenräumen bei Bruns und Grandidier stets in 11 Tagen, bei Moore meist 11 Tage, seltener 12—13 Tage, bei Löwenthal aller 4 Wochen, später 1 Jahr lang aller 12 Tage, bei Grandidier alle 14 Tage, bei Moore anfangs aller 30, später aller 21, dann aller 9 Tage (7 Jahre lang). Die Dauer des Anfalls betrug übereinstimmend 5—6 Tage. Die Akme wurde bei Moore nach 3, und im anderen Falle nach $2\frac{1}{2}$ Tagen erreicht, bei Grandidier in 5 Tagen. Im Fall von Grandidier wurde die 5 tägige Dauer durch Chinin auf 2 Tage gemindert. Fieber bestand nicht, ausser in einem Falle von Moore eine Erhöhung der Temperatur um $1\frac{1}{2}$° R. 5 Kranke waren Weiber, der 6. ein Mann (44 Jahr), die Weiber im Alter von 20, 21, 36, 43, 54 Jahr.

Die Menses waren ohne Einfluss; der Fall von Grandidier fiel in die Menopause.

In den beiden Fällen von Moore waren fremde Körper im Knie. In einem Falle war vor 25 Jahren Intermittens vorhanden gewesen, in einem andern ging Rheumatismus voraus. Hereditäre Einflüsse scheinen nicht obzuwalten. Scheuern und Verstauchung wird angeschuldigt.

Die Dauer der Affection betrug: 17 Jahr Moore; 7 Monate Moore; 4 Jahre Löwenthal; 8 Jahre Bruns; 1 Jahr lang Grandidier; in 2 Fällen über 1 Jahr.

Chinin war nur in dem Fall von Grandidier von Erfolg, indem es die Dauer der Störung von 5 auf 2 Tage minderte, die Periodicität blieb jedoch 11 Tage. (Chinin 1,0 drei Gaben vor dem Anfall). BRUNS heilte einen Fall durch Sol. Fowleri, 1,2—4,0 und Tinct. Chinoidini 30,0 2 mal täglich 1 Theelöffel; nach 20 Monaten kam ein Rückfall, der wieder durch Arsen in 4—7 Wochen heilte. Eisen, Druckverband, Derivantia, Glüheisen, Eis waren ohne Erfolg; ebenso Teplitz, Marienbad. Die Schwefelschlammbäder in Nenndorf heilten einen Fall, doch kam nach 2 Jahren ein Recidiv; in 2 Fällen GRANDIDIER's waren die Bäder nutzlos. Künstliches Karlsbader Wasser erzielte einmal vorübergehende Besserung.

Sitzung vom 24. October 1876.

I. Vortrag des Herrn MOLDENHAUER über Entwicklung des äusseren und mittleren Ohres.

Nach den spärlichen Angaben älterer Forscher sollte die Entwicklung des äusseren und mittleren Ohres eng mit der ersten Kiemenspalte zusammenhängen. Während die übrigen allmählich völlig geschlossen werden, sollte von der ersten der hintere Theil offen bleiben, einen durch eine Scheidewand, das spätere Trommelfell, in zwei Hälften getheilten Kanal bilden, der sich später zum äusseren Gehörgang resp. zur Paukenhöhle mit Tube ausbildete.

Diese Anschauung ist nach des Redners Untersuchungen eine irrige. Die Präparate, welche der Redner zu seinen Studien benutzte, stammen von Hühnerembryonen, geben also nicht ganz analoge Verhältnisse, wie beim Menschen, namentlich in Bezug auf den Bau der Tube, welche beim Huhn nur in ihrer hinteren Hälfte doppelt ist, nach vorne dagegen als einfacher Kanal in den Pharynx einmündet. Beim Huhn geht die Entwicklung des äusseren Gehörgangs von dem mittleren Theil der zweiten Kiemenspalte aus, demjenigen Theil, der sich am frühesten schliesst. An diesem Theil bilden sich, nachdem die ursprüngliche Spalte vollständig verschwunden ist, wallähnliche Wucherungen, die eine vertiefte Grube umschliessen. Indem diese Grube sich weiter ausbreitet, verschwindet allmählich der hintere der beiden sie umschliessenden Wälle, er wird in den Bereich der Vertiefung hineingezogen, während der vordere Wall als vorragender Halbkreis bestehen bleibt. Dieser Halbkreis ist die erste Anlage der vordersten Wand des äusseren Gehörganges und der ihm zunächst anliegende Boden der Grube wird später zum Trommelfell.

Auch die Paukenhöhle hat mit der ursprünglichen Kiemenspalte nichts gemein, sondern auch sie entwickelt sich erst, nachdem die Spalte schon geschlossen ist. An der Innenfläche des ersten Kiemenbogens bildet sich jederseits ein Vorsprung, und es entsteht dadurch zwischen ihm und der hinteren Schlundwand je eine senkrecht von oben nach unten verlaufende Rinne, die erste Anlage der Paukenhöhle, welche sich bei weiterem Wachsthum dieser Vorsprünge immer mehr vertieft und verengt. Zunächst ist diese Rinne überall von nahezu gleicher Weite, erst später vergrössert sich der laterale Theil derselben, und differenzirt sich dadurch als Paukenhöhle von der enger bleibenden Tube. Dieses Wachsthum der Paukenhöhle kann nur lateralwärts, gegen das Trommelfell hin stattfinden, da nach hinten und medianwärts das schon knorpelig vorgebildete Labyrinth den Raum beengt. Es muss sich somit bei der Ausbildung der Paukenhöhle das ursprünglich sehr dicke Trommelfell verdünnen. Während dieses Processes bildet sich in dem Gewebe des Trommelfells die Columella, der einzige Gehörknochen des Huhnes, und wächst quer durch die Paukenhöhle hindurch, um sich mit dem Labyrinth zu verbinden.

II. Vortrag des Herrn SCHMIDT über „Brucheinklemmung und Bruchentzündung."

Der erste Fall, welchen der Redner mittheilte, aus der Praxis des Herrn Dr. ZIMMERMANN, betrifft eine alte Frau, die seit 6 Tagen Einklemmungserscheinungen an einem lange bestehenden Schenkelbruch darbot. Da die Reposition unmöglich war, wurde die Operation gemacht. Man gelangte dabei auf eine, in einer Art Kapsel eingeschlossene, dem Netz ähnliche Geschwulst, welche mit dichtem Fett bedeckt war. Jedoch war es dem an der Geschwulst hinaufgeführten Finger nicht möglich, den scharfen Rand einer Bruchpforte zu fühlen. Bei genauerer Untersuchung zeigte sich unter der Fettschicht eine homogene Membran und erst nach deren Eröffnung gelangte man im unteren Abschnitte auf eine Cyste, im oberen Abschnitte in die Höhle des Bruchsackes, welche eingeschnürten Darm enthielt. Es war also dies ein

Fäll von lipomatöser Entartung des Bruchsackes, ähnlich den von CLOQUET mitgetheilten, welche bereits zu theilweiser Obliteration des Bruchsackes geführt hatte.

Der zweite Fall betraf eine Puerpera, welche 2 Tage nach der Entbindung Einklemmungserscheinungen, namentlich häufiges Erbrechen darbot und auch in der rechten Schenkelbeuge eine rothe, heisse Geschwulst zeigte. An derselben hatte der behandelnde Arzt vergebliche Taxisversuche gemacht und war nunmehr die Herniotomie beabsichtigt. Da aber trotz der übrigen auf Einklemmung deutenden Erscheinungen die Stuhlentleerung normal blieb, wurde vom Redner eine in einen leeren Bruchsack fortgesetzte puerperale Peritonitis angenommen und deshalb von einer Operation abgesehen. Der weitere Verlauf rechtfertigte die Diagnose. Es entwickelte sich ein Abscess, bei dessen Eröffnung nicht nur aus dem Bruchsack, sondern auch aus der Bauchhöhle sich Eiter, resp. eitriges Serum entleerte. Die Patientin genas, obwohl die Heilung durch eine Pleuropneumonie verzögert wurde.

An die Mittheilung dieser beiden Fälle schliesst der Redner einige Bemerkungen über das Verhalten sehr grosser Brüche. Bei diesen treten Einklemmungserscheinungen nicht unter denselben Verhältnissen ein wie bei kleinen Brüchen, sondern nach dem Mechanismus, wie 'er im Lossen'schen Experiment nachgeahmt wird, nämlich dadurch, dass die absteigenden Bruchschlingen plötzlich meteoristisch aufgetrieben werden und dadurch die aus dem Bruchsack aufsteigenden Schlingen comprimiren und undurchgängig machen. Die Repositionsunfähigkeit dieser Brüche beruht auf zu grosser Spannung im Bauche. Eben darauf beruht es auch, dass derartige sehr voluminöse Brüche selbst nach Erweiterung des Ringes nicht reponirbar sind, sondern häufig noch stärker heraustreten. In solchen Fällen wäre, wenn man operiren wollte, nur die Petit'sche Operation *ohne Eröffnung* des Bruchsackes und *ohne Reposition* zu machen. Redner räth überhaupt gar nicht zu operiren, sondern bei Einklemmungserscheinungen Eisumschläge auf den Bruch zu machen und grosse Dosen Morphium oder Opium zu geben. Diese Medication sei bei kleinen Brüchen contraindicirt, da sie hier schnellen Collaps bewirke und die Reposition nicht erleichtere, sie sei dagegen bei grösseren Brüchen von höchstem Nutzen, bewirke in sehr kurzer Zeit ein Nachlassen der Koliken, ein Schlaffwerden des Bruches und nicht selten trete die Reposition spontan ein.

Endlich gibt der Redner noch eine neue Art der Taxis speciell für grosse Brüche an, die er namentlich bei Nabelbrüchen anzuwenden empfiehlt. Er räth, um das Vorsichherdrängen der Bruchpforte zu vermeiden, die Hände so an den Hals des Bruches zu legen, dass man denselben völlig umfasst, und dann den Bruch durch Aufwärtsziehen zu comprimiren, dadurch ziehe man einerseits die Bruchpforte in die Höhe, aus der Bauchhöhle heraus und richte andererseits die Eingeweide senkrecht zu der Bruchpforte, hebe also dadurch die Knickung.

Zum Schluss demonstrirt der Redner an Spirituspräparaten 2 Fälle von grossen Brüchen: den einen, bei dem ausser mehreren kleinen Därmen auch das Coecum mit dem Processus vermiformis im Bruchsack lagen. Ein Theil des Bauchfellüberzuges vom Blinddarm war zur Bildung des sehr weiten Bruchsackes verbraucht und deshalb die hintere Hälfte des Coecum vom Bauchfell unüberzogen. Der 2. Fall war ein grosser rechtsseitiger Leistenbruch, in welchem durch Achsendrehung der in ihm befindlichen Därme Abschnürung und Brand des ganzen Darmconvoluts eingetreten war. Es mussten 69 Zoll brandigen Darmes exstirpirt werden und trotzdem lebte Patient noch 12 Tage.

Sitzung vom 29. November 1876.

Vortrag des Herrn BRAUNE über die Mechanik der Respiration.

Der Herr Vortragende erörtert zunächst, welche Muskeln bei der Respiration besonders betheiligt sind und illustrirt an einem Schema die Bewegung der Rippen bei den Athembewegungen. Die Rippendrehung findet nicht um eine *gemeinsame* frontale Achse statt, sondern je um eine Achse, die durch den Rippenhals läuft, sich also mit jener der anderen Seite vor der Wirbelsäule schneidet, und zwar ist der Winkel, den die Achsen der Rippenpaare bilden, oben grösser als unten, so dass die Achsen der oberen Rippen sich mehr der Frontalebene nähern, die der unteren mehr sagittal gestellt sind. Daraus erhellt, dass die Bewegung der oberen Rippen mehr zur Vertiefung, die der unteren mehr zur Verbreiterung des Thorax beiträgt (MEISSNER, HENCKE, VOLKMANN). Die Rippenbewegung wird vorzugsweise durch die Züge der

Intercostales geleistet; die Kraft, mit welcher die Intercostalmuskeln arbeiten, ist beträchtlich, man kann durch sie mit Leichtigkeit eine starke Schnur zersprengen, die um den Thorax gelegt ist. Doch haben die Intercostalmuskeln bewegliche Ansätze und Ursprünge, es müssen also ausser ihnen auch noch Respirationsmuskeln mit festen Punkten thätig sein. Die festen Punkte für die Respiration sind das Becken und der Hals und hier sammeln sich die in Spiralen um den Rumpf laufenden Muskelzüge, die als breite Platten am Becken beginnen und als schmale Muskelbäuche am Halse endigen, entsprechend der Kegelform des in der Halswirbelsäule spitz auslaufenden Truncus.

Von besonderem Interesse beim Studium der Respirationsmechanik ist auch die Gegend zwischen Zungenwurzel und Pharynx. An Cadavern findet man hier fast gar keine Zwischenräume, so dass man glauben sollte, es könne hier kaum Luft durchtreten. Und in der That ist diese Partie der Luftpassage compressibel, während Larynx und Trachea selbst durch ihre knorpelige Anlage vor Compression geschützt sind. Um also den Eingang in den Kehlkopf offen zu erhalten, muss es hier besondere Vorrichtungen geben. Es sind die Zungenbeinmuskeln, welche diesen wichtigen Effect leisten. Geniohyoideus und Sternohyoideus bilden einen digastrischen Muskel, der mit den darunter liegenden Muskelzügen das Zungenbein und den Kehlkopf von der Halswirbelsäule abzieht und lüftet. Bei mässiger Wirkung derselben wird die Kehlkopfpassage hinter der Zungenwurzel dadurch frei, bei kurzer intensiver Wirkung und gleichzeitiger starker Inspiration kann aber auch der Eingang in den Oesophagus frei gemacht werden und die Luft tritt unter hörbarem Geräusch in denselben ein.

Von besonderer Wichtigkeit ist endlich noch das Platysma. Es wirkt gegen den äusseren Atmosphärendruck und verhindert die Compression der Halsweichtheile, besonders der Venen.

Zum Schlusse erörtert der Herr Vortragende noch kurz die topographisch-anatomische Beschaffenheit der Nasenhöhle mit ihren Nebenhöhlen und ihren Einfluss auf die Respiration. Die untere Nasenmuschel ist wegen ihres beträchtlichen Blutgehaltes als Erwärmungsapparat für die darüber streichende Luft anzusehen. Die Nebenhöhlen der Nase sind aspirirende Luftsäcke hinter der Regio olfactoria, die beim Spüren die Riechstoffe dem Olfactorius zuführen.

An der sich anschliessenden Discussion betheiligen sich ausser dem Herrn Vortragenden die Herren HEUBNER, E. WAGNER und B. SCHMIDT.

Sie bezieht sich auf die Betheiligung der unteren Rippen bei der Respiration, auf die auch bei Sectionen oft zu constatirende variabele Weite der Stirnhöblen, welche nach der Ansicht von Michel der Lieblingssitz der Ozaena sein sollen, endlich auf die Respirationshindernisse. welche sich während der Chloroformnarkose beobachten lassen.

Verzeichniss

der hiesigen ordentlichen und Ehrenmitglieder

der

Medicinischen Gesellschaft zu Leipzig.

Herr Dr. Justus Radius, G. M.-R. Prof.

„ „ Hermann Müller.

„ „ Heinrich Eduard Kühn.

„ „ Julius August Eduard von Zenker.

„ „ Gustav Herzog.

„ „ Carl Leberecht Albanus.

„ „ Alfred William Böttcher.

„ „ August Ottomar Zinssmann.

„ „ Carl Schmidt, Lindenau.

„ „ Carl Heinrich Reclam, Prof.

„ „ Heinrich Friedrich Germann, Prof.

„ „ Carlos Hennig, Prof.

„ Bacc. Otto Sachsse.

„ Dr. Eduard Philipp Werner.

„ „ Carl Eduard Kempte.

„ „ Carl Reinhold August Wunderlich, G. R. Prof.

„ „ Ernst Theodor Kirsten.

„ „ Hermann Ludwig Göpel.

„ „ Julius Victor Carus, Prof.

„ „ Adolph Winter, Hof-R. Prof., Cassirer.

„ „ Hugo Sonnenkalb, M.-R. Prof.

„ „ Benno Gottlob Schmidt, M.-R. Prof., Vorsitzender.

„ „ Friedrich Constantin Bärwinkel.

„ „ Ernst Leberecht Wagner, G. M.-R. Prof., stellvertr. Vorsitzender.

Herr Dr. Theobald Güntz.

„ „ Eduard Kreussler.

„ „ Emil Apollo Meissner, Doc. an d. Univ.

„ „ Heinrich Georg Cölestin Schmieder.

„ „ Ernst Adolf Berger.´

„ „ Wilhelm Ottobald Pescheck.

„ „ Emil Louis Berndt.

„ „ Carl Emil Schlosshauer.

„ „ Carl Siegmund Franz Credé, G. M.-R. Prof.

„ „ Ernst Richard Hagen, Prof.

„ „ Ludwig Ferdinand Schulze.

„ „ Ferd. Herm. Wilh. Götz, Lindenau.

„ „ Friedrich Wilhelm Helfer.

„ „ Wilhelm Christian Braune, Prof.

„ „ K. Gust. Ferd. Schmidt, Neuschönefeld.

„ „ Julius Hermann Prosch.

„ „ Christian Robert Hammer.

„ „ Oswald Naumann, Doc. an d. Univ.

„ „ Carl Hermann Schildbach, Doc. an d. Univ.

„ „ Gustav Hermann Meissner.

„ „ Carl Friedrich Millies.

„ „ Julius Hermann Haake, Doc. an d. Univ.

„ Chir. Johann Gottlieb Heinrich Hensel.

„ Dr. Julius Eduard Kühn.

„ „ Carl Henrici.

„ „ Hermann Heinrich Ploss.

„ „ Franz Carl Eduard Hering.

„ „ Gustav Adolf Klare.

„ „ Carl Friedrich Kollmann.

„ „ Martin Liberatus Kurzwelly.

„ „ Hermann Theodor Kretzschmar.

„ „ Friedrich Ernst Müller.

„ „ Bernhard Ludwig Wagner.

„ „ Paul Volkmar Treibmann.

„ „ Wilhelm Conrad Blass.

„ „ Max Friedländer, Doc. an d. Univ.

„ „ Johann Robert Weickert.

„ „ Ernst Hermann Klemm.

Herr Dr. Carl Thiersch, G. M.-R. Prof.

„ „ Hugo Ernst Siegel, Doc. an d. Univ.

„ „ Johann Otto Leonhard Heubner, Prof., 2. Schriftführer.

„ „ Carl Friedrich Oscar Hahn.

„ „ Livius Fürst, Doc. an d. Univ.

„ „ August Bernhard Reinhold Lubensky.

„ „ Conrad Horst Gebhardt.

„ „ Ernst Friedrich Wenzel, Prof.

„ „ Friedrich Brauell, Staats-R. Prof.

„ „ Carl Guido Nakonz.

„ „ Robert Theodor Bahrdt.

„ „ Hermann Otto Barth.

„ „ Anton Eckstein.

„ „ J. C. E. R. Sinnhold, Connewitz.

„ „ Alfred Langbein.

„ „ Gustav Adolf Brückner.

„ „ Oswald Jörg.

„ „ Curt Jul. Neubert.

„ „ Johann Friedrich Ahlfeld, Prof.

„ „ Carl Georg Reinhard.

„ Zahnarzt Bernhard Schwarze.

„ Dr. Oscar Heinze.

„ „ Pius Bernstein.

„ „ Hermann Joseph.

„ „ Paul Flechsig, Prof.

„ „ Christian Gerhard Leopold, Doc. an d. Univ.

„ „ Franz Hofmann, Prof.

„ „ Wilhelm Moldenhauer.

„ „ Carl Dumas.

„ „ Carl Gustav Kothe.

„ „ Robert Hermann Tillmanns, Doc. an d. Univ., 1. Schriftführer.

„ „ Friedrich Anton Zürn, Prof.

„ „ Ernst Hammer jun.

„ „ Hermann Burckhardt.

„ „ Wilhelm His, Prof.

„ „ Wilhelm Schön, Doc. an d. Univ.

„ „ Friedrich Küster.

Herr Dr. Hugo Kronecker, Prof.

„ „ Carl Huber.

„ „ Carl Berthold Bruno Riemer.

„ „ Max Julius Zimmermann.

„ „ Paul Niemeyer, Doc. an d. Univ.

„ „ Max Taube.

„ „ Adolph Strümpell.

„ „ Heinrich Helferich.

„ „ Friedrich Carl Adolph Neelsen.

„ „ Georg Theodor Robert Spillner.

„ „ Max Sänger.

„ „ Julius Arthur Zinkeisen, Reudnitz.

„ „ Anton Landmann.

„ „ Leopold Otto Alexander Hörder.

„ „ Em. Stimmel.

„ „ Friedr. Niebergall, Generalarzt a. D.

„ „ H. B. Scheube.

Ehrenmitglieder:

Herr Dr. Ernst Heinrich Weber.

„ „ Wilhelm Hankel.

Druck von J. B. Hirschfeld in Leipzig.